Bischoff · Körpersprache und Gestik trainieren

Konzept und Beratung der Reihe Beltz Weiterbildung

Prof. Dr. *Karlheinz A. Geißler*, Schlechinger Weg 13, D-81669 München.
Prof. Dr. *Bernd Weidenmann*, Weidmoosweg 5, D-83626 Valley.

Irena Bischoff

Körpersprache und Gestik trainieren

Auftreten in beruflichen Situationen

Ein Arbeitshandbuch

Beltz Verlag · Weinheim und Basel

 *Irena Bischoff* ist langjährige Trainerin für Rhetorik und Körpersprache. Sie hat insbesondere die Vielfalt der gestischen Darstellungsmöglichkeiten untersucht und eigene Techniken zur Auflösung von Körperblockaden entwickelt. Beruflicher Wirkungskreis: Gruppen und Einzeltrainings sowie Coaching in Unternehmen, Institutionen, gehobene Gastronomie und Hotellerie.

Lektorat: Ingeborg Sachsenmeier

© 2007 Beltz Verlag · Weinheim und Basel
www.beltz.de
Herstellung: Klaus Kaltenberg
Satz: Druckhaus »Thomas Müntzer«, Bad Langensalza
Druck: Druck Partner Rübelmann, Hemsbach
Fotos: Ulrich Zillmann, FotoMedienService, Düsseldorf
Umschlaggestaltung: Glas AG, Seeheim-Jugenheim
Umschlagabbildung: Getty Images Deutschland GmbH, München
Printed in Germany

ISBN 978-3-407-36435-7

Inhaltsverzeichnis

Gestik

Tipps und Tricks für Anwender und Trainer

Vorwort

Alle, vom Trainer, Berater, Pädagogen und Dozenten bis hin zum Manager wissen, dass Inhalte und Rhetorik nicht ausreichen, um Zuhörer zu überzeugen. Ob ein Gegenüber Abstand nimmt oder den Worten geistig folgt, hängt entscheidend von der körpersprachlichen Performance ab. Dass dies keine bloße Behauptung ist, sondern eine Tatsache, lässt sich leicht überprüfen. Nehmen wir das negativste Beispiel, nämlich einen Sprecher, der in einem monotonen Rhythmus spricht, keine Miene verzieht, die Hände eng am Körper hält und reglos auf der Stelle vorträgt. Er macht es seinen Zuhörern – die immer auch Zuschauer sind – schwer, selbst brillante Inhalte im Gehirn als Worte und Bilder zu einem sinnvollen Ganzen zu verknüpfen. Neuere Untersuchungen zeigen, dass die Wirkung des Auftretens zu 38 Prozent vom Tonfall bestimmt wird, 55 Prozent aber vom Einsatz der begleitenden Körpersprache abhängen.

Als körperliche Ausdrucksmittel stehen uns neben dem Sprechen die Mimik, die Gestik sowie die Bewegungsabläufe zur Verfügung. Dabei nimmt die Gestik einen besonderen Stellenwert ein. Amerikanische Forscher (University of Chicago) haben herausgefunden, dass wir etwa 90 Prozent unserer Äußerungen mit Gesten untermalen. Gestik regt die Hirntätigkeit an, und die Wissenschaftler sprechen sogar davon, dass sie ein Teil unserer Sprache sei. Selbst Blinde, die sich bei einer Unterhaltung nicht sehen können, gestikulieren.

Als Trainerin konnte ich feststellen, dass nicht jeder Mensch ein »Naturtalent« hinsichtlich harmonischer und variantenreicher Körpersprache ist und dass das Repertoire an Gesten unterschiedlich ausgebildet ist. Neben der Mimik offenbart die Gestik unsere Emotionen und Verfassung. Sie offenbart nicht nur momentane Aufgeregtheit, sondern auch vorhandene Verspannungen und Blockaden. Die Art der verwendeten Gestik ist oftmals im Laufe der Zeit eher unbewusst entstanden, denn nur so sind beispielsweise die wegwerfenden Handbewegungen zu erklären, die eigentlich die Inhalte des Redners unterstützen sollen, sie aber nun negieren und ihn damit unglaubwürdig machen. Die gleiche negative Wirkung zeigt die so genannte Taktstock-Technik, das zackige Auf und Ab der Hände, die eher für eine Militärkapelle geeignet ist als für ein ruhig dasitzendes Publikum.

Der gestischen Darstellung und der Anatomie von Gesten und habe ich einen Großteil des Inhalts gewidmet mit über 40 Beispielen, die einerseits kurz und knapp, aber dennoch detailliert und anschaulich zum Lernen und Einüben anleiten.

Die Ausdrucksmöglichkeiten durch Bewegungsmuster zu steigern, einen sicheren körpersprachlichen Einstieg in eine Kommunikation zu finden und den Fortgang energetisch zu halten sind weitere Inhalte des Buches. Es behandelt die Grundlagen des Körpereinsatzes bis hin zu den Auswirkungen – und zwar bezogen auf *die am häufigsten vorkommenden beruflichen Situationen*:

> »Neues bleibt neu, bis Sie es verinnerlicht haben – dann ist es ein Teil von Ihnen.«
>
> *Irena Bischoff*

- die Begrüßung,
- die Besprechung (körpersprachliche Gesprächsführung zu zweit oder mit mehreren Personen),
- die körpersprachliche Gestaltung eines Vortrags, einer Rede, einer Präsentation »im freien Raum« oder an einem Rednerpult,
- Körpersprache und Bewegungsabläufe an Medien wie Flipchart, Overheadprojektor und Beamer.

Die vielfältigen Praxiserfahrungen aus meiner langjährigen Arbeit als Trainerin und Coach habe ich in dem Kapitel »*Tipps*« zusammengestellt, das auch gut einsetzbare Arbeitsmaterialien für Trainer und Kursleiter enthält.

Dieses Buch gibt Ihnen konkret an die Hand, wie Sie Ihre naturgegebenen Ausdruckmittel bewusster gestalten und einsetzen können.

Einleitung

Wie erlange ich mehr Sicherheit in Gesprächssituationen mit anderen? – Das ist die zentrale Frage, auf die in meinen Workshops und Seminaren nach erschöpfenden Antworten gesucht wird. Um der großen Vielfalt an körpersprachlichen Ausdrucksmöglichkeiten gerecht zu werden und sie in allen Facetten darzustellen, habe ich dieses Buch verfasst.

Stehend vor einer Gruppe zu referieren erfordert einen anderen Körpereinsatz als beispielsweise das Sprechen in einer Teambesprechung oder in sitzender Position. Dennoch zeige ich, dass es eine »Grundsprache des Körpers« gibt, deren Signale von allen eindeutig interpretiert werden – und das gibt Sicherheit. Ebenso verhält es sich mit dem »Sprechen der Hände«. Sie finden mehr als 50 verschiedene inhaltlich bedeutsame Gestikbeispiele, die für jedes Thema und auch für jede Gesprächssituation Interessantes bereithalten.

Das Buches vermittelt Ihnen Grundlagen der Körpersprache und Gestik, die in den Anwendungen zum praktischen Einsatz kommen. Ich führe Sie also (körpersprachlich ausdrucksgerecht) durch die jeweilige Berufssituation von A–Z, vom Eintreten bis zur Verabschiedung. Besonderen Raum nimmt das Kapitel über die Darstellungsmöglichkeiten von Gestik ein. Hier finden Sie zu jeder einzelnen Geste die praktische Anleitung, eine bildliche Darstellung, die die Körperhaltung und Mimik mit einbezieht. Ebenso mache ich Sie mit der Lernmethode für Gestik vertraut, damit Sie Ihr Repertoire erweitern können. In den »Tipps« gebe ich meine umfangreiche Praxiserfahrung »Rund um das Auftreten« wider – vom Minimieren der Aufregung bis zum Ablesen vom Skript. Für den Personenkreis, der beruflich mit Gruppen arbeitet, habe ich ausführlich eine Methode der Video-Analyse beschrieben, wie Sie körperliche Blockaden auflösen können. Ebenso erhalten Sie eine Vielzahl von Kurzentspannungs- und Energetisierungsmethoden.

Ich wünsche Ihnen Enthusiasmus beim Finden neuer Antworten auf die Frage: Wie erlange ich mehr Sicherheit und Freude an der Kommunikation mit anderen?

Körpersprache

Intellektuell geschult zu sein und rhetorische Kunstgriffe zu berrschen, das sind die gängigen Maxime für die Ausdrucks- und Überzeugsfähigkeit im Berufsleben. Würde »das Wort« ausschließlich auf elektronischem oder gedrucktem Weg transportiert, wären diese Qualitäten unter Umständen ausreichend, um erfolgreich ein Kommunikationsziel zu erreichen.

Doch Menschen sind auch visuell ausgerichtet. Wir nutzen diesen Sinn, um beispielsweise eine getroffene Aussage mit dem körperlichen »Erscheinungsbild« des Senders abzugleichen. Das passiert nicht immer bewusst, hat aber immer elementare Wirkung, nämlich ob wir jemandem glauben oder nicht. Daraus folgt: Je eindeutiger die Sprache des Körpers mit dem Gesagten übereinstimmt, desto weniger Missverständisse und Interpretationsspielraum liefern wir unseren Mitmenschen. Es geht aber nicht nur um diese Übereinstimmung. Körpersprache kann mehr: Sie gibt den Worten in einer kreativen Weise Gestalt.

Grundlagen der Körpersprache

Jeder Mensch empfindet sich erst einmal als stimmiges Ganzes – mit einem physikalischen Körper, dem Geist und der Seele. Der Körper trägt uns durchs Leben; die Arme und Beine sind nützliche »Werkzeuge«, deren Funktionen unser Überleben sichern. Das wäre ausreichend, würden wir uns allein in der Natur behaupten müssen. Spinnen wir den Faden weiter: Um uns gegenüber dem Lebewesen »Tier« durchzusetzen, brauchten wir keine Sprache, sondern könnten Laute von uns geben. Ein grimmiger Gesichtsausdruck und wild gestikulierende Arme würden es vertreiben – und wir hätten unser Handlungsziel erreicht. Der Umgang der Menschen untereinander gestaltet sich da wesentlich komplizierter.

»Das meine ich nicht!«, »Woran siehst du das?« sind Reaktionen, die uns an der Stimmigkeit unseres Ausdrucks, ob sprachlich oder körpersprachlich, zweifeln lassen. In Beziehung miteinander zu treten und in möglichst eindeutiger Weise zu kommunizieren verlangt Bewusstsein dafür, wie wir mit unserem Körper (und unserer Sprache) auf andere wirken.

Eindeutigkeit ist immer dann gegeben, wenn unsere verbale Aussage mit der Körperhaltung, der Mimik und der Gestik übereinstimmt. Das erkennen wir an den Körpersignalen, die uns der andere sendet, nämlich bestätigendes Nicken, ein entspannter Gesichtsausdruck oder ein kleines Lächeln. Das Gros unserer Signale, die wir einerseits aussenden, andererseits empfangen und interpretieren, sind Erfahrungswerte. Wir haben von klein auf gelernt, die anderen »zu lesen«, und mit der Zeit herausgefunden, was uns nützt und was dem Erreichen des jeweiligen Kommunikationsziels schadet. Da die Erfahrungen, aber auch das Interesse an Reflexion unterschiedlich ausgeprägt sind, macht dieses Kapitel Sie mit Grundsätzlichem in der Körpersprache vertraut.

Die Ausdrucksmöglichkeiten

Sobald Sie körperlich in Erscheinung treten, sind Sie für die Umwelt wahrnehmbar. Selbst wenn Sie keine Miene verziehen oder den anderen den Rücken zudrehen, sich sozusagen »unsichtbar« machen, interpretieren Dritte Ihr Auftreten – und innerhalb von Sekunden entsteht ein Bild; wir sprechen dann vom »äußeren Erscheinungsbild«. Damit ist jedoch mehr gemeint als die Qualität Ihrer Kleidung, der Stil (Freizeit, Business, modern, unmodern) oder die allgemeine Bewertung: gepflegt – ungepflegt. Aus der Art und Weise wie Sie sitzen oder stehen, ob Sie die Schultern eingezogen oder aber gestrafft haben, ins Leere schauen, mit wachem Blick die Umwelt betrachten – diese Merkmale geben Auskunft über die Vielschichtigkeit Ihrer Person:

- Ihre Persönlichkeit,
- Ihr gesellschaftlicher Status,
- die momentane Rolle, in der Sie sich befinden,
- die vorherrschende Gefühlslage,
- sogar Ihre Wertevorstellungen lassen sich ablesen.

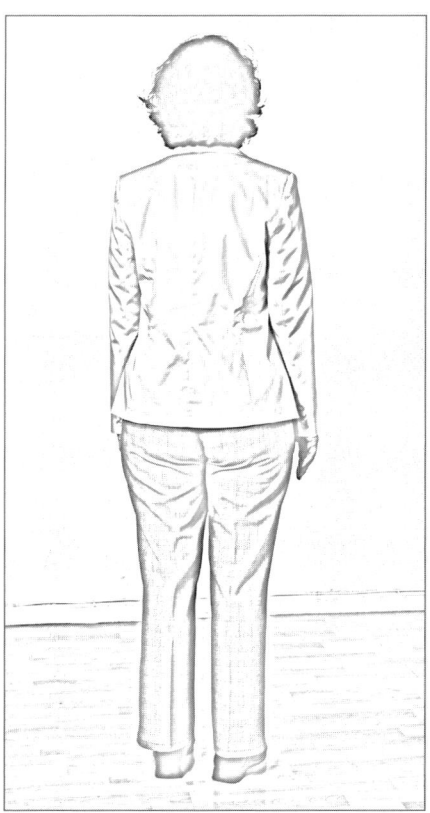 

Die Körpersprache verdeutlicht: Ich bin nicht anwesend! – Und doch geben wir unsere Befindlichkeit preis.

Von Kopf bis Fuß sind Sie im Einsatz und nutzen lebendig alle Ausdrucksmittel.

Da wir uns also einem körperlichen Eindruck nicht entziehen können, erhöht es die eigene Sicherheit, in der Kommunikation, mehr über die »Sprache des Körpers« und seiner Signale zu wissen – und einzusetzen. Untersuchungen haben gezeigt, dass von Haltung, Gestik, Mimik, Bewegungsabläufen, dem Sprechen und der Sprache eine immens große Wirkung ausgeht. Wird ein Wortbeitrag, der gut recherchiert und brillant formuliert ist, in steifer oder unkoordinierter Körpersprache vorgetragen, zeigt der Inhalt wenig Wirkung, weil die »Verpackung« nicht stimmt. Es fehlt nämlich die bewegende und zur geistigen Aufnahme animierende Körpersprache. Dafür steht uns ein (fast unerschöpfliches) Repertoire an Möglichkeiten zur Verfügung – und zwar von Kopf bis Fuß: angefangen bei der Kopfhaltung, die aufrecht, schräg zur Seite hin, nach vorne gebeugt oder nach hinten gestreckt sein kann (dazu in verschiedenen Winkeln, die feine Bedeutungsunterschiede aufweisen), über Mimik wie weit geöffnete Augen, Hochziehen der Brauen, eine in Falten gelegte Stirn oder ein breites Lächeln (um nur einige Merkmale aufzuzählen) bis hin zu wippenden oder verschränkten Füßen. Die vielfältigen Kombinationsmöglichkeiten der einzelnen Signale wiederum setzen nochmals eigene Akzente.

Wirkung der Körperhaltung

Wir können bewusst Haltungen einnehmen, die nicht nur auf andere wirken, sondern auch auf uns. Rufen Sie sich beispielsweise innerlich zur Ordnung, bewirkt dieser Impuls, dass sich Ihr Körper strafft und Sie spüren, wie mehr Lebendigkeit, sprich Energie, Sie im wahrsten Sinne des Wortes »aufbaut«. Diese willentlich herbeigeführte Wirkung ist dann auch nach außen hin sichtbar und

Dritte nehmen Sie als eine selbstbewusste Person wahr – entsprechend den allgemein gültigen Kriterien: Eine aufrechte Körperhaltung ist Ausdruck von Selbstbewusstsein. Da Selbstbewusstsein in unserer Gesellschaft einen hohen Stellenwert hat und wir gerade auf dem beruflichen Sektor dieses Bild von uns abgeben wollen, sollten wir stets auf unsere Körperhaltung achten. Weniger ansprechende Körperhaltungen werden bisweilen »verziehen«, können sich aber auch nachhaltig negativ auswirken, indem beispielsweise Unsicherheit unterstellt wird. Diese offenbart sich zum Beispiel darin, dass Sie unbewusst im Stand die Füße nach innen drehen (oder verschränken); damit verlassen Sie den sicheren Boden, und Ihre Haltung wird instabil. Dieser äußere Umstand kann Ihnen nun als »innere Haltung« zugeschrieben werden. Das kann bedeuten, dass die anderen meinen, man könne sich nicht auf Sie verlassen – oder Sie erwecken sogar den Eindruck, dass Sie an die Hand genommen werden müssen. Bedenken Sie, nur unselbstständige Kinder dürfen mit eingedrehten Füßen stehen.

Werden Sie müde, sinkt Ihr Körper unweigerlich in sich zusammen; befinden Sie sich gerade in einer Besprechungssituation, werden auch aus dieser Körperhaltung sofort Rückschlüsse gezogen. Im günstigsten Fall sieht man Ihnen die momentane Müdigkeit nach, ansonsten wird Ihr Verhalten negativ eingeordnet, etwa »lässt sich gehen« oder »ist wenig belastbar«.

Ärger und Unwilligkeit, die verbal unterdrückt werden sollen, zeigen sich körperlich durch eine plötzliche, überstraffe Haltung, die den anderen signalisiert: »Halt! Ich nehme den Kampf auf!« Mimische Signale wie ein erboster Blick oder die eindeutige Geste der geballten Faust (auch wenn sie versteckt gemacht wird) begleiten häufig diese Reaktion.

Inneres und Äußeres befinden sich demnach im ständigen Wechselspiel, und wir sollten im Sinne einer konstruktiven Kommunikationsbeziehung Wert darauf legen, unseren Ausdruck so bewusst wie möglich wahrzunehmen und aktiv zu gestalten. Dabei macht es einen Unterschied, in voller Körpergröße zu agieren oder in der eingeschränkten Sitzposition gleiche Wirkung zu erzielen.

Körpersprache im Stand

Optimal bringen wir unseren gesamten Bewegungsapparat in der Standposition zum Einsatz, mit einer aufrechten Haltung, die frei von Blockaden ist, sowie durch gezielte Bewegungen der einzelnen Körperpartien und Gliedmaßen.

Über den Vorgang der Konzentration aktivieren wir die nötige Energie, und Muskeln und Bänder ermöglichen es, den Körper zur vollen Größe aufzurichten; damit bieten wir Dritten die größtmögliche »Anschauungsfläche«. Jede Körperposition hat ihre eigene Bedeutung, die verstärkt, abgeschwächt oder variiert wird durch Hinzunahme weiterer Signale.

Ob Sie breitbeinig dastehen oder mit eng zusammengestellten Füßen, ist nicht nur eine Frage des sicheren Standes, sondern auch der damit verknüpften Interpretation: Nimmt viel Raum ein und ist bodenständig oder vermittelt engstirniges Denken beziehungsweise macht sich klein.

Das Anschauen einer Person ruft also immer Assoziationen hervor, die festgeschrieben sind, noch bevor jemand einen Satz gesagt hat. Sicherlich können Sie sich den Grad der Glaubwürdigkeit der Aussage »Mir geht es sehr gut!« vorstellen, wenn dabei eine verdrehte Haltung eingenommen wird, die Schultern hochgezogen sind und die Hände vor den Bauch verschränkt werden. Die Zuschauer glauben der Körpersprache und nicht den Worten! Dieses irritierende Zusammenspiel hemmt die wertfreie Aufnahme des Wortbeitrags.

Ausruhen auf dem imaginären Stuhl – ein Bewegungsmuster, das hemmenden Einfluss auf Ihren Sprechrhythmus hat

Da das Stehen einen gewissen Kraftaufwand erfordert, fahren manche Menschen während eines Vortrags unbewusst ihre Körperenergie auf null.

Der Oberkörper wird kraftlos, und die Knie knicken immer wieder ein, dadurch haben die Zuschauer den Eindruck, der Vortragende wolle sich auf einen imaginären Stuhl setzen. Um dennoch fortfahren zu können, nimmt der Redner jedes Mal regelrecht Anlauf, um den Körper wieder in die Aufrechte zu bringen. Hierbei entsteht zwar Bewegung (und Bewegung »bewegt«), allerdings zeugt diese bestenfalls von Schwäche. Hinzu kommt, dass diese Vortragsweise zur Eintönigkeit des Sprechrhythmus führt und die Zuhörer langweilt.

Ein solches Stand- und Bewegungsmuster blockiert fließende körpersprachliche Abläufe, daher spricht man hier von einer Blockade. Wie sich diese auflösen lässt, ist im Kapitel »Tipps« (s. S. 153ff.) ausführlich beschrieben.

Körpersprache in der Sitzposition

Im Sitzen konzentrieren sich unsere *aktiven* Ausdrucksmöglichkeiten weitgehend auf den Oberkörper, damit ist der Wirkungsrahmen abgesteckt. Der Haltung des Kopfes, der Positionierung der Arme und dem gestischen wie mimischen Einsatz kommen also besondere Bedeutung zu. Weiter entfernt und nicht immer sichtbar, tragen allerdings auch die Stellung der Beine und Füße sowie der Umstand, wie viel Sitzfläche eingenommen wird, zum Gesamteindruck bei.

Kaschieren Sie beispielsweise vorhandene Unsicherheit oberhalb des Tisches in selbstsicherer Manier durch eine aufrechte Haltung und ausdrucksstarke Gesten, verrät Sie unter Umständen Ihre angespannte Fußhaltung unter dem Tisch. Das können nach außen gekippte Füße sein oder eine Stellung, bei der Sie die Füße hinter die Stuhlbeine klemmen.

Da Sie gegen Ihre innere Verfassung handeln, wird sich über kurz oder lang Ihr Körper diesem Zustand anpassen, aus dem dann der Betrachter seine Schlüsse zieht (mehr oder weniger bewusst).

Ein Beispiel für die Anpassung des Körperzustandes ist das Nachlassen der Aufmerksamkeit, welches in einer Besprechungsrunde besonders gut zu beobachten ist. Von der Position des engagierten Zuhörers, der noch auf dem vorderen Teil des Stuhles saß und mit vorgeneigtem Oberkörper konstanten Blickkontakt hielt, treten wir allmählich den Rückzug an. Wir verteilen unseren Schwerpunkt auf die gesamte Sitzfläche, nehmen die Spannung aus dem unteren Kreuzbereich und lassen unseren Körper zusammensacken. In dieser Position geben wir jeden Blickkontakt auf und ziehen uns auf uns selbst zurück, kugeln uns sichtbar ein. Der Energiefluss ist haltungsbedingt abgeschnitten und die verbleibende Kraft reicht gerade noch aus, uns mit Gegenständen vor uns zu beschäftigen. Bei dieser Haltung kommt es nicht zum beabsichtigten »Energieauftanken«, das können Sie daran erkennen, dass es einiger Anstrengung bedarf, wieder in die Aufrechte zu kommen und sich zu konzentrieren. Günstiger wäre es, sich verhalten zu recken und zu strecken, um damit den beginnenden Energieabfall wettzumachen.

Wirkung der Mimik

Das Beispiel des verbal unterdrückten Ärgers zeigt nicht nur die Wirkung auf der Ebene der Körperhaltung, sondern auch inwieweit der mimische Ausdruck die Bedeutungsinhalte beeinflusst.

Die Regungen des Gesichtes lassen sich teilweise, bei konzentrierter Übung, koordinieren und vielfältig einsetzen. Eine lebhafte Mimik, die die Bewegungen des Kopfes mit einbezieht, kann sogar die Gestik ersetzen.

In der Mimik, dem Mienenspiel, kommt uns die außerordentliche Beweglichkeit der Gesichtsmuskulatur zugute. Einige Partien sind anatomisch bedingt miteinander verbunden, sodass sich komplexe mimische Aussagen wie von allein darstellen. Ziehen Sie beispielsweise die Stirn in Falten, so verdüstert sich automatisch der Blick, weil die Brauen mit nach unten gehen. Ob Sie dabei

Neigung des Kopfes mit Blickrichtung nach unten. Ausschlaggebend ist der Ausdruck des Mundes

Linkes Bild: Neutrales Ausblenden der Gegenwart.

Rechtes Bild: Hier gibt es Widerspruch in sich, im Zusammenspiel mit der Gestik

aber Missstimmung ausdrücken wollen (mit zusammengekniffenen Lippen) oder aber mit einem kleinen Lächeln eher unterschwellig spaßigen Charakter zum Ausdruck bringen, das können Sie steuern. Auch die Blickintensität und Richtung können Sie willentlich bestimmen. Erstaunen signalisieren aufgerissene Augen, wobei die Brauen mit nach oben gehen. Eine differenzierte Aussage lässt sich zusammen mit der Mundpartie gestalten: Lächeln Sie dabei, so bekommt die Mimik die Bedeutung einer freudigen Überraschung; ein offenstehender Mund hingegen zeigt Ratlosigkeit.

Eine ganze Reihe von unterschiedlichen Bedeutungen hat die Blickrichtung, mit der oftmals auch eine Änderung der Kopfhaltung einhergeht: Offenheit signalisiert der direkte Blickkontakt, wobei sich der Kopf in Neutralstellung befindet. Neigen Sie aber den Kopf ein wenig, wird diese Position als intensives Zuhören und Beteiligtsein empfunden. Bei der Blickrichtung nach oben »verlassen« Sie die Zuschauer kurzfristig, weil Sie nachdenken. Verdrehen Sie allerdings dabei die Augen, wird das als Ausdruck von Ungeduld oder Zurechtweisung empfunden. Der Blick nach unten hingegen hat keinerlei Kommunikationsziel mehr: Sie wenden sich selbst und Ihren Gefühlen zu.

Wirkung der Gestik

Dass Gestik eine eigene Sprache ist, erleben wir in der Kommunikation von Gehörlosen. Doch selbst Blinde, die sich beim Sprechen nicht sehen können, verwenden Gesten zur Untermalung ihrer Worte. Denn Gestik regt nachweislich die Hirntätigkeit an, und wir leben durch die Bewegung der Hände die frei werdende Energie körperlich aus. Um Sachzusammenhänge, die abstrakt durch Worte formuliert sind, eine eingängigere geistige Aufnahme zu ermöglichen, machen wir diese durch einzelne Begriffe oder Abfolgen mit den Händen »begreifbar«. Wie vielfältig in der Bedeutung eine einzige Geste sein kann, verdeutlicht folgendes Beispiel: Spreizen Sie die gestreckten Finger einer Hand und halten sie in Längsrichtung vor das Gesicht, symbolisiert diese Geste »Gitterstäbe«. Wechseln Sie hingegen in die Horizontale, so stellen Sie eine »Jalousie« dar. Kippen Sie aber diese Fingerformation nach außen, zeigt diese Gestik das Bild eines Hahnkammes, beugen Sie aber die Finger und halten diese Formation in Richtung des Gesichts, deuten Sie das Aufsetzen einer Maske an.

Mit nur graduellen Veränderungen lassen sich völlig neue Bedeutungen einer Geste kreieren. Da die Gestik so vielfältig und gleichzeitig so ungeheuer wichtig ist, gehe ich darauf ausführlich im Kapitel »Grundlagen der Gestik« ein.

Wie nehmen wir als Zuschauer einen Auftritt wahr?

Sie sitzen in einem Auditorium und erwarten einen Vortrag, eine Rede oder eine Präsentation. Zunächst einmal nehmen Sie den Vortragenden als Ganzes ins Visier. Beginnt er zu sprechen, richtet sich die Aufmerksamkeit auf die Stimme, da sie je nach Tonlage bei uns eine »Stimmung« auslöst.

Spricht jemand in einer hohen Tonlage, die meist mit einem schnellen Tempo verbunden ist, bringt das Unruhe. Diese Irritation begründet sich darin, dass wir der hohen Tonlage wenig Kompetenz zuordnen, sie also eher mit einem Kind als einem Erwachsenen in Zusammenhang bringen. Da die Stimmlage jedoch von Natur aus vorgegeben ist, wird es schwierig, sie grundlegend zu verändern. Zeitweise und bewusst kann ein Redner seine Tonlage absenken, indem er beim Sprechen »in tieferen Dimensionen« denkt, das heißt, dass der Blick beim Sprechen auf den Boden gerichtet ist. In einem Vortrag, der beständigen Blickkontakt verlangt, ist das nicht möglich, daher wird der Trick der »Ankergeste« angewendet.

Mit dem *Ankern* konditionieren Sie sich. Iwan Pawlow entdeckte die Reiz-Reaktionskopplung in seinem Experiment mit Hunden. Beim Füttern läutete er eine Glocke (äußerer Reiz). Die natürliche Reaktion auf die Nahrungsaufnahme war der Speichelfluss bei den Hunden. Nach einer Weile ließ er nur noch die Glocke erklingen – die Reaktion: Speichelfluss bei den Hunden. Daraus leitet sich ab, dass äußere Ereignisse innere Zustände hervorrufen können. Als einen solchen äußeren Reiz wählen Sie eine ganz bestimmte Stelle Ihrer Hand, dem Handgelenk oder am Unterarm, die Sie als entspannte Handhaltung oder Geste während eines Vortrags immer wieder einbauen können. Ihre innere Absicht ist es zum Beispiel, die Stimme beim Sprechen abzusenken. Punktgenau drücken Sie nun diese Stelle und rufen damit den Befehl ab: tiefer sprechen. Wichtig ist hierbei, dass Sie diesen festgelegten Reizpunkt *ausschließlich* für das Beispiel »tieferes Sprechen« benutzen. Als optimale Ankergeste eignet sich die Position der »Basishand«. Im »stillen Kämmerlein« üben Sie bewusst das tiefere Sprechen und schauen dabei noch unterstützend auf den Boden (in die Tiefe). Gleichzeitig halten Sie Ihren Reizpunkt gedrückt.

Indem Sie sich derart ankern, löst nun der Druck Ihre innere Absicht aus, ohne dass Ihr Blick dabei zu Boden gerichtet ist.

Die von Natur aus tieferen Tonlagen wirken »bodenständig« und sind in der Regel mit einem langsamen Sprechtempo verbunden. Um dennoch Lebendigkeit in den Vortrag zu bringen, sollte ein solcher Sprecher lebhafte Mimik und Gestik anwenden.

Nachdem wir uns mit der Stimme vertraut gemacht haben, lenken wir die Aufmerksamkeit auf das Nächstliegende, nämlich auf das Gesicht mit dem Minenspiel. Wir prüfen (bewusst oder unbewusst), ob die Mimik zu den Inhalten der Worte passt. Ist das nicht der Fall, etwa wenn der Sprecher bei negativen Aussagen lächelt, sind wir verunsichert und zweifeln sogar die Inhalte seiner Aussagen an. Diesen Redner wird es einige Mühe kosten, unser Empfinden zu »überreden«. Gleichsam irritierend ist es, wenn ein Sprecher die Lippen nur unmerklich öffnet und der Zuschauer in ein unbewegtes Gesicht schaut; dies erschwert ihm die bildhafte Umsetzung der Ausführungen. In solchen Fällen schaltet das Publikum entweder ab oder es sendet körpersprachliche Signale aus, wie etwa ungeduldige Handbewegungen oder wippende Füße, die nach Bewegung verlangen. Denken sie nur einmal an Gesprächssituationen, in denen Sie ein paar Schritte gegangen sind. Das wirkt nicht nur »locker«, es löst auch körperliche Verspannungen und fördert kreatives Denken. Allerdings wären die Zuschauer überfordert, müssten sie einem Sprecher folgen, der ständig auf und ab geht. Worauf es ankommt, ist ein ruhiges Gehtempo, unterbrochen von Stehpausen, die dem Zuschauer Gelegenheit zum Mitdenken und zur Verarbeitung geben.

Bei einem Sachthema bieten sich gemächliche Gehmuster an, wie etwa das Abschreiten einer imaginären geometrischen Form. Bei Passagen, die Eindringlichkeit und Wichtigkeit signalisieren, erhöhen Sie sowohl das Sprechtempo als auch die Bewegungsmotorik. Menschen mit einem guten Körpergefühl (das merken Sie beim Tanzen), bringen die einzelnen Partien des Körpers koordiniert in Bewegung. Dabei nehmen Sie unterstützend die Gestik zu Hilfe. Diese körperliche Flexibilität wirkt zusammen mit Ihren Ausführungen auf die Zuschauer als eine stimmige und überzeugende Einheit.

Anwendung:
Die Begrüßung – das kommunikative Handreichen

Die Begrüßung per Handschlag ist ein bewusstes Aufeinanderzugehen, verbunden mit der Erwartungshaltung, dem anderen willkommen zu sein beziehungsweise ihn willkommen zu heißen. Mit dem Berühren unserer Hände nehmen wir direkten körperlichen Kontakt auf, was ein Gefühl der Nähe entstehen lässt und die Kommunikation erleichtert. Die Art und Weise, wie Sie die Hand reichen, Ihre Haltung und Mimik einsetzen und ob Sie einen angemessenen Abstand zu der anderen Person einhalten, entscheidet in Bruchteilen von Sekunden über Sympathie oder Antipathie – und damit über das Erreichen Ihres Zieles.

Im Gegensatz dazu steht das »formelle Handschütteln«, bei dem lediglich die Form gewahrt werden soll. Hier besteht kein wirkliches Kommunikationsziel, sei es ein Gespräch einzuleiten oder eine echte Sympathiebekundung auszudrücken. Wollen wir aber etwas von dem anderen, sind gleichzeitig Emotionen im Spiel, und wir strengen uns an. Deutlich spürbar wird die Konzentration, wenn Sie eine einzelne Person im Visier haben. Noch im Gehen bereiten Sie sich mit allen Sinnen auf die Begegnung vor: Bei einem Vorgesetzten signalisieren Sie Tatkraft, wenn Ihr Handschlag kräftiger ausfällt, bei einer Dame hingegen nehmen Sie sich eher zurück. Wir variieren also nicht nur unseren Stil, sondern treffen auch mit jeder Begrüßung eine Selbstaussage, beispielsweise über unsere gesellschaftliche Stellung, die momentane Stimmung, was wir wirklich von jemandem halten oder ob wir Regeln beachten. Fast jeder weiß um die ungeschriebenen Gesetze der Kommunikation. Das zeigt sich, wenn Sie in einen bereits bestehenden Gesprächskreis treten. Sie versuchen sofort abzuschätzen, ob eine Begrüßung per Handschlag angemessen ist oder ob Sie sich besser »hineinschleichen«, um bei passender Gelegenheit das Wort zu ergreifen und damit präsent zu sein. Dabei gehen die entscheidenden Signale von Mimik, Körperhaltung und Gestik aus, die von (fast) jedem Menschen intuitiv erfasst werden, wie ein freundliches Lächeln, eine kurze einladende Geste oder die zugewandte Körperhaltung; macht jemand eine kurze Sprechpause, ergreifen wir sofort diese Gelegenheit zum Einstieg. Die Begrüßung ist also entscheidend für den Verlauf einer Begegnung.

Dieses Kapitel beschreibt daher die optimale Vorgehensweise, die Sie erlernen können und die Ihnen Sicherheit bei jeder Kontaktaufnahme gibt:

- Die Technik des Handreichens.
- Die Körperhaltung.
- Nähe und Distanz.
- Die Mimik.

Die Technik des Handreichens

Sich die Hand zu reichen ist in unserem Kulturkreis das Erste, was wir »von uns geben«. Um eine sympathische Beziehung zu schaffen, lächeln wir, halten direkten Blickkontakt, sind in wacher Bewegung und setzen Sprache und/oder Mimik ein. Ungeachtet der unterschiedlichen Körper- und Handgröße, sind Merkmale wie die Stärke des Fingerdrucks, Beschaffenheit der Handinnenfläche, Beweglichkeit des Handgelenks, der Winkel, in dem wir die Hand ergreifen, und die Richtung der Armhaltung ausschlaggebend. Vernachlässigen wir eine oder mehrere Komponenten, bleibt ein negativer »Beigeschmack«. Das kann so weit gehen, dass sich der Gesprächspartner unserem Anliegen gänzlich verschließt oder zumindest einige Zeit mit der Verarbeitung des Gefühls beschäftigt ist.

Denken Sie nur einmal an einen »laschen« und leblos wirkenden Händedruck und an die Wirkung, die von diesem ausgeht. Wenn wir also auf jemanden zugehen, um ihn zu begrüßen, geschieht das mit einer gewissen Dynamik. Ganz selbstverständlich gehen wir davon aus, dass diese auch erwidert wird. In dieser Erwartungshaltung strecken wir die Hand aus – und müssen hier bereits die des anderen »abfangen«, damit sie nicht vor Kraftlosigkeit nach unten gleitet. Dieses Geschehen löst bereits eine Gefühlslage bei uns aus, die zwischen Mitleid und Verstimmung angesiedelt ist. Während wir der Höflichkeit halber in dem Begrüßungsritual fortfahren, lächeln wir schon ein wenig gequält und schütteln diese lasche Hand äußerst vorsichtig und auch nur kurz. Wir sind erleichtert, uns dieses »leblosen Bündels« möglichst rasch wieder entledigen zu können. Dem Impuls zu folgen, sich die Berührung heimlich hinter dem Rücken abzuschütteln, widerstehen wir gezwungenermaßen. Doch das Fehlen der Energie unseres Gegenübers hinterlässt auch bei uns Spuren. Wir verkürzen die anstehende Kommunikation auf ein absolutes Minimum und sinnen derweil vielleicht darüber nach, wie wir dieser Person demnächst auf eine unverfänglichere Weise entgegenkommen könnten.

Im Gegensatz dazu stellt es eine Fehleinschätzung dar, die Hand eines anderen kraftvoll packen zu müssen (und sie dabei regelrecht zu quetschen). Hierbei soll der Begrüßung zwar eine spürbare Dynamik gegeben werden, diese führt aber häufig wohl eher zu Schmerz, Unwilligkeit oder Empörung. Auch dieses Vorgehen ist ebenfalls kein gelungener Auftakt für ein Gepräch.

Machen Sie sich deutlich, dass das Handreichen eine Form des Willkommenheißens ist, und die drücken wir aus mit mimischen Mitteln, einer aufrechten Körperhaltung, der Position des aktiven Armes und nicht zuletzt mit der richtigen Dosierung des Händedrucks. Welche Empfindungen und daraus resultierende Schlussfolgerungen mit dem Handreichen verbunden sind, erläutert die folgende Tabelle.

Merkmale beim Handreichen

Merkmale wie ...	... können Gefühle auslösen wie
Energieloser, lascher Händedruck	• keine Power, • der/dem traue ich nichts zu
Quetschen der Finger	• einnehmendes Wesen, • überschreitet Grenzen
Hohlhand	• Berührungsängste, • verbirgt etwas
Nur die halbe Hand geben	• setzt sich nicht voll ein, • ist unsicher
Reichen der Fingerspitzen	• hat die Arbeit nicht erfunden, • ziert sich
Umklammern der Finger	• hält sich an mir fest, • ist unselbstständig
Die Richtung ...	**... kann Folgendes bewirken**
Druck nach unten	• will mich bezwingen, • will mich herabsetzen
Heranziehen (s. Abb. 1 und 2, S. 28)	• zu vertraulich, • verletzt meine persönliche Sphäre
Ausgestreckter Arm (s. Abb. 3, S. 28)	• hält mich auf Distanz, • will nichts mit mir zu tun haben
Vorschnellende Hand	• fordernd, • Angriff aus dem Hinterhalt

Die Grundhaltung des Armes beim Handreichen

Der Arm ist etwas mehr als 90 Grad angewinkelt; er wird eng am Körper geführt. Die Richtung folgt der ausgestreckten Hand, die Sie flach halten, damit sich die Innenflächen *spürbar* berühren können.

Die aufrechte Haltung, der Arm im 90-Grad-Winkel, sichern die angemessene Distanz.

Tipp: Achten Sie darauf, die Hand zu strecken, um eine Berührungsfläche zu schaffen. Denn bei der so genannten Hohlhand sind die Finger leicht gekrümmt, damit Berührung vermieden wird, beispielsweise wenn jemand extrem feuchte Hände hat und diesen Zustand verbergen möchte. Bei anderen wiederum ist die Hohlhand meist unbewusst ein Ausdruck von allgemeinen Berührungsängsten. Nicht spürbar die Hand zu geben löst aber beim Gegenüber ein Gefühl der Verunsicherung, wenn nicht gar Ärger aus. Ein denkbar ungünstiger Einstieg in die Kommunikation.

Die Dosierung der Druckstärke

Arm und Hand bilden *eine* Einheit, wenn sie nach vorn kommen. Wird in diesem Bewusstsein der Händedruck gesteuert, ist er immer angemessen. Denken Sie aber an die Hand als ein Werkzeug, so entsteht ein Extradruck, der als zu stark und damit als unangenehm empfunden wird.

Negative Merkmale und deren Auswirkungen

Der Händedruck im Zusammenspiel mit der Kraftanstrengung des Armes geben der Begrüßung eine eigene Richtung. Diese ist nicht nur körperlich spür- und sichtbar, sondern löst starke Empfindungen bei dem anderen aus. Sie zeigen nämlich damit, wie Sie über andere Menschen denken und diese auch behandeln.

Das Heranziehen der Hand bedeutet Macht ausüben und wird in der Regel als sehr negativ empfunden

①

②

Oben:
Auch die »elegante Form des Heranziehens ist dominant und zwingt in ein Haltungskorsett.

③

Links:
Der gestreckte Arm signalisiert trotz Lächeln Ablehnung.

Die Körperhaltung

Legen Sie grundsätzlich Wert auf die Begrüßung eines anderen und konzentrieren Sie sich auf das Ereignis, also möglichst nicht eben im Vorbeigehen die Hand geben. Der andere hat sonst das Gefühl, Sie seien »auf dem Sprung« und er ist Ihnen nicht wichtig. Die Flüchtigkeit dieser Begegnung hinterlässt auch nur einen »flüchtigen« Eindruck – und ob das einen Wert für die Beziehung hat, sei dahingestellt. Eine weitere negative Auswirkung liegt in der unkontrollierten Bewegung, da die im Gehen ergriffene Hand fast mitgerissen und der Arm im Gelenk überstreckt werden kann.

Die Grundhaltung des Körpers

In aufrechter Körperhaltung kommen Sie vor der zu begrüßenden Person zum Stehen und nehmen bewusst einen »festen Stand« ein. Dabei stehen die Füße hüftbreit nebeneinander, die Fußspitzen zeigen nach vorn, und die Schultern sind gestrafft. Nun sind Sie bereit für den bewussten Händedruck, das Lächeln und den direkten Blickkontakt.

Die beschriebene Grundhaltung ist die beste (formale) Voraussetzung für eine gelungene Beziehung.

Die Unterbrechung der Begrüßung

Tritt eine weitere Person hinzu, der Sie ebenfalls die Hand reichen möchten, so bedeuten Sie Ihrem momentanen Gesprächspartner durch Kopfnicken die Unterbrechung und wenden sich dem anderen mit dem *ganzen Körper* zu. Eine mimisch und körpersprachlich freundliche Begrüßung erzeugt auch bei dem wartenden Partner ein Gefühl der Sympathie.

Behalten Sie Ihren Stand bei und drehen Sie sich lediglich mit den Füßen in die Richtung des Ankommenden. Damit befinden Sie sich ohne Aufwand in der kommunikativ offenen Frontalstellung. Ihren inaktiven Arm lassen Sie locker herabhängen, damit keine Körperbarriere zu Ihrem bisherigen Gesprächspartner entsteht; er muss sich auch weiterhin eingebunden fühlen.

Dem »Neuzugang« unbedingt die volle Aufmerksamkeit schenken. Der entspannt hängende linke Arm verhindert eine Ausgrenzung des vorherigen Gesprächspartners, bezieht ihn also weiterhin köpersprachlich mit ein.

Sprengt die Begrüßung den Zeitrahmen, bietet es sich an, den ersten Gesprächspartner durch eine Geste aktiv mit einzubeziehen. Mit dem freien Arm machen Sie eine einladende Armbewegung in seine Richtung und schauen kurz von einer Person zur anderen, ohne den Redefluss unterbrechen zu müssen.

Nähe und Distanz

Die meisten Menschen fühlen sich unwohl, wenn Ihnen jemand zu nah »auf die Pelle rückt«. Beklemmung, Fluchtgedanken, aber ebenso Empörung sind die Gefühle, die ein solches Verhalten hervorrufen. Andererseits sind wir befremdet, wenn unser Gesprächspartner einen extremen Abstand beim Handreichen hält. Da das körperliche Aufeinanderzugehen immer eine positive Einstimmung auf die Kommunikation sein soll, sind weder respektlose Nähe noch extreme Entfernung ein guter Anfang.

Ein angemessener Abstand macht sympathisch und legt zusammen mit dem direkten Blickkontakt und einem Lächeln den Grundstein für eine gelungene Kommunikation.

Als Faustregel für den angemessenen Abstand zu einem anderen Menschen gilt die Länge eines ausgestreckten Armes. Wenn also zwei Personen ihren Arm etwa im 90-Grad Winkel halten, entspricht das wiederum einer Armlänge – und damit sind Sie immer auf der sicheren Seite.

Eine Armlänge: Dieser Raum um Sie herum »gehört« Ihnen.

Um ein Gefühl für die angemessene Distanz zu bekommen, stellen Sie sich einmal in die Mitte eines Raumes, breiten die Arme in Schulterhöhe aus und drehen sich langsam um die eigene Achse. Die meisten sind überrascht, wie groß die »persönliche« Sphäre ist, in die niemand ohne Ihre Einwilligung »eintreten« darf. Selbstverständlich gilt, dass Sie dieses Umfeld auch anderen zubilligen.

Die Mimik

Die Mimik ist ein Spiegel unserer Befindlichkeit und dasjenige Ausdrucksmittel, welches wir am wenigsten steuern können. Begrüßen wir also jemanden ohne echtes Gefühl, lässt sich das prompt auf unserem Gesicht ablesen. Wenn Ihnen also nicht nach Lächeln zumute ist, täuschen Sie den anderen nicht und setzen besser eine neutrale Miene auf. Das Neutralisieren gelingt, wenn sie sich auf Ihr Gegenüber bewusst konzentrieren, die Person also direkt anschauen und eine gestraffte Haltung einnehmen. Diese Körperhaltung wirkt auch nach innen: Sie blenden störende Gedanken aus, und es erfolgt eine Entspannung auf der emotionalen Ebene.

Bei einem echten Lächeln hingegen bewegt sich eine Vielzahl von Muskeln, und die Haut um die Augenpartie und um die Mundwinkel zieht sich in kleine Fältchen. Wie von selbst kommt Glanz in Ihre Augen, und als ein weiteres körpersprachliches Signal senkt sich der Kopf leicht in Richtung Brust oder neigt sich ein wenig zur Seite, was als angedeutete Verbeugung zu werten ist.

Den anderen mit einem Lächeln aktiv mit einbeziehen. Die Gestik – hier der einladend erhobene Arm – schafft den verbindlichen Übergang.

Vernachlässigen Sie bei der Begrüßung Komponenten der Haltung oder der Mimik, hat das immer negative Auswirkungen, und zwar auf die gesamte Begegnung.

Ein anschauliches Beispiel, das oft von Frauen angeführt wird, ist die Verletzung der Distanz. Hierbei ist die Fehlhaltung des Gegenübers (meist handelt es sich dabei um einen Mann) der Auslöser für das Unbehagen. Mit vorgeneigtem Oberkörper ist eine besonders herzliche Begrüßung beabsichtigt. Wird dabei die Hand der Frau auch noch mit beiden Händen umschlossen (um vielleicht Verbundenheit auszudrücken), fühlt diese sich förmlich in der Falle. Das zeigt sich körpersprachlich an einem gequälten Gesichtsausdruck, an dem zurückweichenden Oberkörper (um wieder angemessene Distanz zu schaffen) und vielleicht sogar an dem entschlossenen Schritt zurück. Auch eine freundliche Mimik kann dieses «Zu-weit-Gehen» nicht entschärfen. Das Ziel der kommunikativen Begegnung, nämlich sprachlich verstanden zu werden, ist damit fehlgeschlagen. Die (unbeabsichtigt) körperlich bedrängte Person ist nämlich ausschließlich damit beschäftigt, der Situation so elegant wie möglich zu entkommen.

Negative Merkmale in Haltung und Mimik

Merkmale wie ...	... können negative Gefühle auslösen:
Haltung	
Die Füße stehen noch in Gehposition, also nicht parallel	• ist auf dem Sprung, • nimmt sich keine Zeit für mich
Vorgeneigter Oberkörper	• kommt mir zu nah, • ist aufdringlich
Nach hinten geneigter Oberkörper	• baut sich vor mir auf, • nimmt sich zu wichtig
Zusammengesackte Haltung	• hat keine Power, • schafft nichts
Kopf zur Seite geneigt	• ist nicht gerade heraus • will »gut Wetter machen«
Mimik	
Blick und/oder Kopf gesenkt	• unsicher, schüchtern, • hat etwas zu verbergen • wirkt kindlich, inkompetent • macht einen arroganten Eindruck
Blick von unten nach oben	• schätzt mich ab • lehnt mich ab

Anwendung:
Die Besprechung – auf fremdem Terrain

Bewusst oder unbewusst, kann das Betreten von »Neuland«, in diesem Falle fremde Räumlichkeiten, eine Stresssituation darstellen. Daher erfordert eine Besprechung, die auf dem Terrain einer anderen Person stattfindet, auch eine körpersprachliche Vorbereitung. Sicherheit im Auftreten gibt ein Gefühl der Kompetenz, die zusammen mit fachlichem Können beste Voraussetzungen sind, sein Ziel zu erreichen. Die Wirkung unserer körperlichen Darstellung und deren Signale, die wir ständig aussenden und die oftmals nur unterschwellig wahrgenommen werden, beeinflussen den Gesprächsverlauf entscheidend.

Der erste Eindruck, zu dem Sie nur ein einziges Mal die Chance haben, ist daher maßgebend für den Fortgang der Begegnung, und der beginnt bereits mit dem Eintreten. Ob Sie umständlich die Tür hinter sich schließen und dem Partner dabei noch den Rücken zuwenden oder aber mit fließendem Schritt auf ihn zukommen, macht einen Unterschied. Eine weitere Spielart, Unsicherheit zu kaschieren ist, den Blick – statt auf den Gastgeber – gegen die Zimmerdecke zu richten oder im Raum herumirren zu lassen. Froh, dann endlich angekommen zu sein, setzen Sie sich und kreuzen erst einmal die Arme vor der Brust (als vermeintliche Sicherheit gebende Haltung). Solch ein Einstieg hat verklemmende Wirkung auf die Gesprächspartner, und es braucht viel Zeit, in eine entspannte und konstruktive Phase hineinzukommen.

Wie Sie mittels Körpersprache optimal beginnen und die Kommunikation weitgehend steuern können, zeigen die nachfolgenden Ausführungen zu den Themenkomplexen:

- Eintreten,
- Gesprächseinstieg,
- Sitzpositionen,
- Körperbarrieren,
- Körperspiegel,
- Wechselspiel sowie
- Bewegungselemente auf engstem Raum.

Das Eintreten

Die Erwartungshaltung an ein Gespräch kann unterschiedliche Befindlichkeiten hervorrufen. Spannungen erzeugt der Umstand, dass Sie Ihre vertraute Umgebung verlassen und fremdes Gebiet betreten. Dieses Verspanntsein drückt sich aus in Ihrer Körperhaltung, in einem unsicheren Gang oder vielleicht auch in einer anfänglichen geistigen Blockade. »Arbeiten« Sie daher besser vorher diese Spannungen körperlich ab, um einen rundum souveränen Eindruck zu vermitteln (s. S. 176ff.).

> **Übung:** Bereiten Sie sich bereits vor der noch geschlossenen Tür auf das Gespräch mit einer Kurzentspannung vor. Dabei ziehen Sie die Schultern bis auf Kinnhöhe und lassen sie locker fallen. Sie heben das Kinn leicht an und atmen tief durch. Mit der Griffhand öffnen Sie nun die Tür und wechseln beim Hineingehen «blind» auf die andere Hand, das heißt, Sie ziehen die Tür hinter sich zu, ohne auf die Klinke zu schauen. Bei dieser Technik zeigen Sie den Anwesenden stets Ihre Körpervorderseite und können beim Eintreten direkten Blickkontakt aufnehmen.

Diese Übung ist ein einprägsames Praxisbeispiel in meinen Seminaren. Denn eine mangelnde Vorbereitung führt anschaulich vor Augen, welche groben Fehler beim Betreten eines Raumes in den allermeisten Fällen gemacht werden: Nachdem die Tür geöffnet ist, sieht der Eintretende kurz in den Raum und konzentriert sich erst einmal auf das Schließen. Dabei schaut er wie gebannt auf die Klinke und zieht die Tür bedächtig zu. Diese Zeitspanne wird unbewusst dazu verwendet, sich auf die Begegnung vorzubereiten.

Allerdings ist der Anblick einer rückwärtigen Körperpartie wenig kommunikativ, und bereits an diesem Punkt können die anderen unruhig werden. Außerdem signalisiert dieses Vorgehen immer Unsicherheit. Offensichtlich wird diese Hemmung, wenn der Eintretende schweigend den Weg in Richtung der Gesprächspartner nimmt. Hierbei lächelt er noch nicht einmal! Irritiert von der wortlosen Situation, in der die anderen ihn auch noch beobachten (weil sie ja auf ihn warten), schweift sein Blick ziellos durch den Raum oder geht hinauf zur Decke. Je länger ein solcher Weg ist, desto unsicherer kann jemand werden und sogar ins Stolpern geraten.

Und erst wenn er ankommt, ist er (geistig) präsent, nimmt direkten Blickkontakt auf und lächelt. Dieses gehemmte Verhalten während des Eintretens bemerken und bewerten Zuschauende (bewusst oder unbewusst). Das kann so weit gehen, dass sogar die Fachkompetenz einer Person infrage gestellt wird.

Der Gesprächseinstieg

Beste Voraussetzungen für den positiven Verlauf eines Gesprächs schaffen Sie, indem Sie sich dem anderen mit stetem Blickkontakt, einer aufrechten Körperhaltung, sicherem Gang und einem echten Lächeln nähern. Unabhängig vom Anlass einer Besprechung ist weiterhin entscheidend, welche körpersprachlichen Signale Sie beim Hinsetzen aussenden. Lassen Sie sich in den Stuhl fallen, zeugt das von wenig Respekt und kann verärgernd auf den Gesprächspartner wirken. Sackt der Körper hingegen in sich zusammen, demonstriert diese »haltlose« Körpersprache das gänzliche Fehlen von Selbstbewusstsein. Eine weitere ungünstige Variante ist das »artige« Zusammenstellen der Füße. Diese Haltung wirkt steif und signalisiert Ihrem Gesprächspartner, dass er für einen auflockernden Gesprächsbeginn sorgen muss.

Sich aufrecht zu platzieren und dabei den Rücken anzulehnen, vermittelt dagegen Selbstsicherheit und »Rückgrat«. Die Körpersprache beeinflusst also von Anfang an den Fortgang der Besprechung.

Die Komponenten für einen optimalen Gesprächseinstieg sind eine offene und entspannte Haltung, eine freundliche Miene, direkten Blickkontakt und eine einladende Gestik.

Sitzpositionen

Die anfängliche Sitzposition verändern die meisten Menschen im Laufe eines Gesprächs. Dieser Wechsel hängt vom Grad der jeweiligen (emotionalen) Anteilnahme ab. Oftmals unbewusst, kommen Sitzende in Positionen, die so genannte Körperbarrieren darstellen. Sie blockieren damit körpersprachlich die Kommunikation. Wenn Sie beispielsweise die Arme vor der Brust verschränken, wirkt das wie eine Schranke. Doch auch der Oberschenkel eines übergeschlagenen Beines kann wie eine solide Wand gegen Ihren Gesprächspartner aufgerichtet sein (s. S. 40ff.).

Da wir im Sitzen den Energiefluss durch das Abknicken der unteren Körperpartie beeinträchtigen, macht es energetisch einen großen Unterschied, wie wir sitzen: Auf der vorderen Kante eines Stuhles sitzen Sie voll konzentriert, »legen« Sie sich aber entspannt hinein, so geht Ihre Energie fühlbar gegen null. Die richtige Sitzposition einnehmen zu können ist aber auch von der Beschaffenheit eines Sitzmöbels abhängig. Eine zu niedrige Sitzhöhe oder zu weich gepolsterte Möbel erschweren Haltung und Gestik. In einem Stuhl mit Standardsitzhöhe und aufrechter Rückenlehne können Sie sich bestens platzieren.

Die Grundhaltung im Sitzen

- Sie nehmen die gesamte Sitzfläche ein und stützen den Rücken mit der Rückenlehne ab.
- Die Füße stellen Sie hüftbreit nebeneinander, wobei die Fußspitzen nach vorne gerichtet sind.
- Die Beinbeugung hat einen 90-Grad-Winkel.
- Die Arme ruhen auf den Knien und die Handflächen sind entspannt abgelegt (beugt Pressen und Verkrampfen vor).
- Beim Ablegen der Hände auf die Armlehnen ist noch Fingerbreit Platz bis zur vorderen Kante (schützt davor, die Lehne zu umklammern, um inneren Druck abzuarbeiten).

Wenn die Proportionen nicht stimmen

Für manche Menschen stimmen die genormten Sitzhöhen nicht mit ihrer Körperproportion überein, und sie müssen sich entscheiden, ob sie die ganze Sitzfläche einnehmen, wobei zwangläufig die Füße in der Luft »baumeln«, oder die Füße auf den Boden stellen, damit wiederum den Halt im Rücken beziehungsweise die aufrechte Haltung vernachlässigen.

Wählen Sie besser die zweite Möglichkeit, denn die Bodenfläche macht Sie erst »bodenständig« und gibt Ihnen Sicherheit – und das ist bei einem Gespräch die wichtigste Voraussetzung.

Tipp: Um den Oberkörper trotzdem optimal zu positionieren, lehnen Sie sich schräg an die Armlehne. Sollte keine vorhanden sein, bleiben Sie seitlich sitzen und stützen sich mit einer Schulter an der Rückenlehne ab. Beim Wechseln der Sitzposition wechseln Sie nur die Seiten.

Die Füße müssen auf jeden Fall Bodenkontakt haben.

Sitzfalle – weiches Sitzmöbel

Um einen Besprechungsraum kommunikativ zu gestalten, kann er mit besonders komfortablen Sesseln ausgestattet sein. So gemütlich ein weich gepolsterter Sessel auch ist, für geistige Gespräche ist er eher eine Falle. In einer solchen Sitzposition sinkt der ganze Körper ein, wird im Rückenbereich kaum abgestützt, und Sie knicken sichtlich in der Hüfte ab. Da Sie nicht in die Aufrechte kommen können, kann der Körper seinem natürlichen Bewegungsdrang beim Formulieren und Gestikulieren nicht folgen; zudem ist der Energiefluss stark abgebremst. Um dennoch in Bewegung zu kommen, setzen die meisten Menschen verstärkt Gestik und Mimik ein. Da wirksame Gestik ausschließlich oberhalb der Gürtellinie stattfindet, steht Ihnen also nur wenig Handlungsraum zur Verfügung, wenn Sie Ihr Gesichtsfeld nicht verdecken wollen.

Tipp: Testen Sie vor einem Spiegel, bis zu welcher Höhe Sie Ihre Arme anheben können, ohne das Gesichtsfeld zu verdecken. Sicherheitshalber empfiehlt es sich, Gestik grundsätzlich nur nach vorn hin auszurichten. Üben Sie diese Bewegungsrichtung.

Versunken in weichen Polstern: Körperlich sind Sie kaum vorhanden, und die Gestik auf Gesichtshöhe verdeckt nicht nur die Mimik, sie gerät auch leicht zur Lächerlichkeit.

Körperbarrieren

Körperbarrieren sind Haltungen, mit denen Sie einen anderen nonverbal abblocken (können). Wissen Sie aber um die Wirkung, so können Sie ein Gespräch mithilfe der Körpersprache beenden oder dem Gegenüber demonstrieren, dass Sie nicht einverstanden sind, keinen Wert auf seine Gegenwart legen usw. Das hat den Vorteil, dass Sie sich nicht auf Diskussionen einlassen müssen. Diese Signale werden meist eher unterschwellig vom anderen wahrgenommen und lösen eine entsprechende Reaktion aus. Nehmen Sie allerdings in Unkenntnis der Wirkung diese Haltungen ein, wird sich ein Gespräch schwergängig gestalten, weil Sie und Ihr Gegenüber keine Gemeinsamkeit herstellen können. Hinzu kommt die Tatsache, dass jede Körperbarriere sich gegen den natürlichen Bewegungsablauf richtet und damit Spannungen hervorruft.

Körperbarriere: übereinandergeschlagene Beine

Führen wir Gespräche, so lösen diese auch immer Emotionen aus – bei dem Sprecher und bei dem Zuhörenden. Der Körper überträgt nun die innerliche Bewegung nach außen: Wir positionieren uns neu. Hierbei ist ein Wechsel in der Beinhaltung am häufigsten zu beobachten. Verlassen Sie die neutrale Haltung der parallel stehenden Füße und schlagen die Beine übereinander, kann es damit auch zur Körperblockade kommen.

In dieser Sitzposition setzen Sie die entscheidenden Akzente für eine geschlossene oder geöffnete Körperhaltung mit dem aktiven Überschlagsbein. Dabei kommt dem Oberschenkel dieses Beines besondere Bedeutung zu, da er den höchsten Punkt einer Beinformation darstellt und damit im direkten Blickfeld ist. Bei einer offenen Haltung zeigt die *Schenkelinnenseite* zu dem Gesprächspartner hin. Die Ansicht der Außenseite eines Oberschenkels hingegen bildet eine durchgehende Schranke zum anderen, die eine abweisende Wirkung hat.

Das Übereinanderschlagen wirkt sich nicht nur auf die Beinhaltung aus, es gibt dem Oberkörper ebenfalls eine neue Richtung – er kommt damit in eine leicht seitliche Position. Lassen Sie diese anatomische Gegebenheit außer Acht und wenden dem Gesprächspartner trotzdem Ihre Vorderseite zu, um höflich zu sein, »verdrehen« Sie sich. Diese körperliche Barriere erzeugt immer auch eine geistige Barriere, die Sie in Ihrem verbalen Ausdruck hemmt.

*Die geschlossene Front
blockiert Sie
und Ihr Gegenüber*

*Der Oberkörper dreht
sich gegen die Richtung
der unteren Partie und
erzeugt Spannung.*

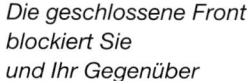 ***Tipp:*** Um ein Gefühl für die körperlich spürbaren Verdrehungen zu entwickeln, setzen Sie sich auf einen Stuhl ohne Armlehne. Wie bei einer Dehnübung übertreiben Sie nun die gegensätzliche Drehung von Ober- und Unterkörper. Nehmen Sie dabei die ausgestreckten Arme zu Hilfe (sie folgen der Richtung des Oberkörpers). Machen Sie diese Übung im Wechsel des Überschlagbeines. Damit sensibilisieren Sie Ihr Gespür und werden schon bei kleineren Verspannungen Gegenmaßnahmen ergreifen.

Körperbarriere: nebeneinander sitzen

Sich in dieser Sitzanordnung kommunikativ zu verhalten erfordert Wissen um die Möglichkeit, unseren Körper konstruktiv einzusetzen. Das Sitzen in Stuhlreihen, sei es an einem langen Konferenztisch oder bei Veranstaltungen, wie beispielsweise bei Kongressen und andere Zusammenkünften, erschwert anatomisch gerechte Bewegungen. Verdrehungen und Verspannungen oder das Ausschließen der Sitznachbarn sind unwillkürliche Körperblockaden, um sich anzunähern und ins Gespräch zu kommen.

Häufige Ausgangs-stellung. Das Über-schlagsbein blockt ab. Körpersprachlichen Kontakt drückt nur die Kopfhaltung aus

Uneingeschränkte Intensität und Harmonie der Gesprächsbeziehung gehen in der Regel einher mit einem allmählichen Fortschreiten körpersprachlicher Abstimmung, die sich meist in den drei gravierenden Stellungsänderungen vollzieht (Abbildungen ① – ③ auf Seite 43).

 Tipp: Berücksichtigen Sie, dass das Überschlagsbein die Richtung des Oberkörpers bestimmt (und eine Mauer aufrichten kann).

Bei der barrierefreien Sitzhaltung hat sich der gesamte Körper auf der Sitzfläche zum Partner hingedreht. Diese offene Position setzt sich bis zum abschließenden Punkt des äußeren Fußes fort – er ist leicht vorgestellt (s. Abbildung ① und ②). Wenn Sie sich diese Haltung als Bild einer »geöffneten Muschel« vorstellen, prägt sich die Grundhaltung deutlicher ein.

Oben links:
Der Oberkörper der
Frau folgt der veränderten
Stellung der Beine. Ihre
Haltung ist geöffnet
und Gestik und Mimik
signalisieren Gesprächs-
bereitschaft.

Oben rechts:
Der Oberkörper des
Gesprächspartners folgt
der Überschlagsrichtung
des Beines, sie kommen
sich körperlich näher.

Links:
Sympathisches Näher-
kommen: Sogar in
der Gestik haben sich
beide angeglichen.

Der Wegfall der übereinandergeschlagenen Beine bringt die letztendliche Entspannung, auf die der andere reagiert. Bei ihm geht nun die Spannung aus dem Körper, wodurch dieser leicht zusammensackt. Damit befinden sich beide Personen auf gleicher Höhe. Auch die Fußstellung, die locker agierende Gestik-Hand und das leichte Abstützen auf der Stuhllehne zeigen – und zwar bei beiden spiegelbildlich – die völlige Überinstimmung.

Körperbarriere: über Eck beziehungsweise frontal gegenübersitzen

Das freie Sitzen im Raum (ohne Mobiliar zwischen den Gesprächspartnern) ermöglicht einen unverstellten Blick auf die jeweils eingenommene Sitzhaltung. Um für eine ausgeglichene Kommunikation zu sorgen, achten Sie beim Überschlagen der Beine darauf, einen so genannten »offenen Halbkreis« zu bilden. Stellen Sie sich eine Linie vor, die auf dem Oberschenkel des Partners beginnt und die sich bei Ihnen fortsetzt. Schlagen beide das Bein jedoch gegenläufig übereinander, schaffen sie gekreuzte Linien, die auch das Gespräch blockieren. Beobachten Sie einmal eine Situation, in der die Gesprächsteilnehmer die Beine gegenläufig übereinandergeschlagen haben. Das Fehlen der Übereinstimmung (und damit eine vertrauensvolle Gelassenheit) ist an einer angestrengten Mimik abzulesen und die zum geistigen Fließen verstärkt eingesetzte Gestik soll dieses Manko wettmachen. Beide Partner fühlen sich augenscheinlich unwohl, und die Kommunikation wird anstrengend.

Beide Oberschenkel bilden eine Linie.

Links: Stimmige Haltung von Ober- und Unterkörper.

Rechts: Der Oberkörper ist noch gegen den unteren Bereich verdreht.

Befindet sich ein Tisch zwischen den Gesprächspartnern, lässt sich für den mittig Sitzenden nur an der Richtung des Oberkörpers, Kopf- und Beinhaltung ablesen, wer sich wem körperlich zuwendet und damit im intensiven Austausch ist. Sich über die momentan vorherrschende Situation Klarheit zu verschaffen wird in Sprechpausen relevant, um Stimmungen zu erfassen und entsprechend reagieren zu können.

Die linke Person hat eine Beinblockade zur in der Mitte sitzenden Person aufgebaut.

Damit der hinter dem Tisch Sitzende zu beiden Seiten hin körpersprachlich neutral sein kann, stellt er die Füße parallel nebeneinander. Erst wenn er sich einer Person direkt zuwendet, wechselt er in die Haltung der übereinandergeschlagenen Beine, wobei der Oberkörper der Richtung der Beinbewegung folgt. Behält er jedoch die Grundstellung bei, so verschiebt er den ganzen Körper in Richtung des Gesprächsteilnehmers. Dies wirkt der Angewohnheit entgegen, den Oberkörper nur wie nebenbei kurz zu verdrehen.

Blockaden und Verspannungen

Verschränken der Arme vor der Brust

Eine weitere Spielart, sich oder den anderen momentan auszuschließen, ist das Verschränken der Arme vor der Brust. Da in der Körpersprache gilt, dass es mehrerer Merkmale bedarf, um eindeutige Schlüsse ziehen zu können, geben die Haltung und die Mimik weiteren Aufschluss über die »wahren« Beweggründe dieses Signals. Halten Sie die Arme verschränkt und machen dazu ein grimmiges Gesicht, kann das als Unmut interpretiert werden. Es gibt aber auch die gemütlich-freundliche Variante, das Ausdrücken des Bei-sich-Seins. Aber auch dies stellt letztlich eine Barriere dar, weil die Innigkeit sich nur auf den Handelnden selbst bezieht.

Tipp: Gerade zu Beginn einer Begegnung soll das Verschränken der Arme Sicherheit geben, allerdings mit der Begleiterscheinung, dass Sie sich im Schulterbereich verspannen. Dies ist ein denkbar ungünstiger Einstieg, denn der einzige gute Grund, diese Haltung einzunehmen, ist, Gemeinsamkeit mit Ihrem Gesprächspartner herzustellen, wenn Sie ihn spiegeln (s. S. 50ff.).

Links:
»Bin beleidigt!«

Rechts:
»Alles bestens!«

Füße verschränken

Mit dem Umklammern der Fußgelenke oder Stuhlbeine wollen wir uns in einer Stress auslösenden Situation körperlichen Halt geben. Sie nehmen sich allerdings damit Ihre Beweglichkeit, »nageln« sich auf einem Fleck fest. Auf die mentale Ebene übertragen bedeutet das, Sie könnten auf Ihrer vorgefassten Meinung beharren und somit unflexibel sein. Auch wenn Sie diese Position »unsichtbar« unter dem Tisch machen, »verraten« Sie die begleitenden Signale von Gestik, Mimik und Kopfhaltung.

Begleitendes Signal durch die Gestik: »Bin mir nicht sicher, kann mich nicht entscheiden.«

Tipp: Um sich selbst kleinster Verspannungen bewusst zu werden, üben Sie das Auflösen dieser blockierenden Haltungen, indem Sie die Blockade extrem verstärken – und vielleicht sogar dabei den Atemfluss stoppen. Halten Sie diese Stellung einige Minuten, um sich dann langsam und bewusst wieder zu entspannen und durchzuatmen. Der gefühlte Unterschied, die Erleichterung, speichert sich als gutes Gefühl in Ihrem Gedächtnis ab.

Finger verkrallen oder Hände pressen

Allein die Tatsache vor aller Augen schutzlos dazustehen, beispielsweise bei einem Redevortrag ohne Pult oder mit anderen Hilfsmitteln, an denen Sie sich »festhalten« könnten, genügt, um körperlich die Aufregung zu spüren. Lediglich Routiniers behalten in einer solchen Situation die Nerven, weil sie entweder täglich in Übung sind, sich Strategien beziehungsweise Vorbereitungsrituale angeeignet haben, die die Nervosität entweder gar nicht erst aufkommen lassen oder sie perfekt verdecken.

Die meisten allerdings empfinden plötzlich ihre Hände als störend und überflüssig, wissen nicht wohin damit. Sie stehen vor den Zuschauenden, reiben sich heftig die Hände, kneten sie durch oder verschränken die Finger schmerzhaft ineinander. Manche wiederum wählen als Lösung den Halt gebenden »Rockschoß« oder stecken die Hände der Einfachheit halber in die Taschen.

Ob im Stehen oder Sitzen, ob offensichtlich oder heimlich unter dem Tisch – diese vermeintlich Spannung abbauende Geste hat immer negative Auswirkungen. Denn Sie setzen sich unter Druck und können nur schwer klar denken, und die Zuschauenden geraten (unterschwellig) ebenfalls unter Anspannung beziehungsweise »leiden« mit Ihnen. Mitleid wie auch Ablehnung ist kein kompetenter Einstieg in ein Gespräch.

Tipp: Entlastender wirkt es in stressauslösenden Momenten, wenn Sie die Fingerkuppen beider Hände leicht aneinanderlegen – und damit einen echten beruhigenden Körperkontakt herstellen. Zusätzlich atmen Sie (unhörbar) tiefer durch die Nase ein und aus. Mit dieser Methode bauen Sie Spannungen ab und bleiben energetisch im Denkfluss. Gelingt es einmal nicht, die Nervosität in den Griff zu bekommen, was Sie noch unsicherer macht, dann verlassen Sie mit einer guten Begründung kurz den Raum und machen die auf Seite 35 beschriebene Kurzentspannung.

Der Körperspiegel – Gemeinsamkeit herstellen

Erfahrungsgemäß ist es leichter mit einem Kommunikationspartner auf einen Nenner zu kommen, wenn wir einander nicht nur sympathisch sind, sondern auch eine Gemeinsamkeit haben. Das können Vorlieben sein, Erlebnisse oder Übereinstimmungen in unseren Wertevorstellungen. Da sich aber nicht jeder Gesprächspartner auf »Privates« einlässt, gibt es die Methode, Gemeinsamkeit mithilfe des Körpereinsatzes herzustellen.

Eine Besprechung oder ein Verkaufsgespräch hat immer seine Vorphase, beginnt selten mit Vehemenz, sondern wir nehmen uns körperlich in Augenschein und klopfen die Lage erst einmal ab.

Die Ausgangsposition

Die Beine sind im 90-Grad-Winkel gebeugt, die Füße stehen parallel. Die Arme liegen locker auf der Lehne oder auf den Oberschenkeln.

Häufigste Ausgangsposition: Die Gesprächspartner sitzen zurückgelehnt.

Tipp: Vermeiden Sie (unaufgefordert), Ihre Hände oder Gegenstände auf dem Tisch Ihres Gegenübers abzulegen. Er wird darin eine Grenzüberschreitung sehen, die negativ auf das Gespräch einwirkt.

Nachdem der Partner mit dem Stift arbeitet ...

In der Anfangsphase beobachten Sie die körpersprachlichen Signale Ihres Partners. Da die wenigsten Menschen einander längere Zeit reglos gegenübersitzen, beginnen sie mit kleinen Gesten, den so genannten Putzgesten. Dabei pflegen die Menschen die verschiedensten Angewohnheiten: Sie streichen sich übers Haar, Bartträger kraulen oder zupfen sich am Bart, und wer eine Brille trägt, rückt sie öfter zurecht. Kugelschreiber eigenen sich, um sie zwischen den Fingern zu rollen oder damit zu knipsen, und manche inspiriert beim Denken das Verschieben der Unterlagen. Die Neigung des Kopfes wird schon einmal variiert, angereichert mit bedächtigem Nicken, oder die Finger trommeln auf der Tischplatte. Dies alles sind Verhaltensmerkmale, auf die Sie zum Herstellen von Gemeinsamkeit eingehen können, was bedeutet, dass Sie Ihr Gegenüber kopieren (spiegeln). Damit Sie die Person aber nicht nachäffen und die Handlungen fast im selben Moment ausführen (und den Partner damit brüskieren), tun Sie das ein wenig zeitversetzt.

Tipp: Wenn Sie in der Beobachtung und Ausführung einige Übung erlangt haben, führen Sie einmal selbst als Erster die Putzgesten aus. Vollzieht der Partner diese (unbeabsichtigt) ebenfalls, folgt er Ihnen, und Sie können sicher sein, sein volles Interesse für Ihr Anliegen zu haben.
Anmerkung: Verlagern Sie das Spiegeln nur auf die Körperebene und hüten Sie sich, Verbales, wie beispielsweise »Hms«, »Ahas«, »Achjas« usw., mit einzubeziehen.

... greift auch der andere zum Stift und spiegelt ihn. Beide haben nun eine verbindende Gemeinsamkeit.

Als Ebenen zum Kopieren oder auch Spiegeln eignen sich Haltung, Gestik, Mimik, Blickkontakt und der Umgang mit Gegenständen. Daher finden Sie in der nachfolgenden Auflistung die am häufigsten zu beobachtenden Putzgesten, die Sie übernehmen können, ohne dass es dem anderen bewusst wird.

Folgende Ebenen eignen sich zum Spiegeln:

Haltung:
- Sitzhaltung
- Bein- und Armhaltung
- Nicken und Kopfschütteln
- Neigung des Kopfes

Gestik:
- gespreizte Finger aneinanderlegen
- mit den Fingern trommeln
- die Brille immer wieder zurechtrücken
- die Tischkante umfassen
- übers Haar/über den Bart streichen
- an Nase oder Kinn fassen
- auf der Tischplatte hin und her streichen
- viel oder wenig Gestik verwenden

*Die emotionale Körper-
haltung beschwichtigt die
Gemeinsamkeit »Tisch-
platte umfassen«, der
Gesprächspartner lächelt.*

Mimik:
- Lächeln
- Stirnrunzeln
- Lippenkneten
- Spitzmund

Blickkontakt:
- direkter Blick
- die Dauer
- die Blickrichtung

Umgang mit Gegenständen:
- mit einem Gegenstand spielen
- in Unterlagen blättern, verschieben usw.

Das Wechselspiel – gezielte Veränderung durch Körpersprache

Auch im weiteren Verlauf des Gespräches kommt der Körpersprache als wichtiger Faktor für die Zielerreichung besondere Bedeutung zu. Nehmen Sie das Beispiel gänzlich ungeschulter Gesprächspartner, die unbehaglich auf ihrem Stuhl herumrutschen, immer wieder versuchen beim Verhandlungspartner Boden zu gewinnen und doch nicht mit diesem in Übereinstimmung kommen. Diese »Stimmung« äußert sich in Gefühlen der Unzufriedenheit, und mitunter wird Ungeduld sichtbar. Am Ende bleibt der Eindruck: Mit dem anderen kann man einfach nicht reden! Geht es bei einer solchen Begegnung um ein Verkaufsgespräch, ist mit schwerwiegenden Folgen zu rechnen. Hier bietet sich die Methode an, einen Kommunikationspartner körpersprachlich »zu führen«.

Nach der eher abwartenden Einführungsphase kommen die Sprecher meist in Bewegung. Diese kann sich darin zeigen, dass einer das Bein über das andere schlägt. Achten Sie nun darauf, die Situation möglichst zu harmonisieren, und bringen Sie Ihr Überschlagsbein oder die Position Ihres Oberkörpers in die gleiche Richtung wir Ihr Gegenüber. Damit räumen Sie (unbewusst) aufgebaute Blockaden aus dem Weg und halten somit das Gespräch offen.

Wenn sich Ihr Partner für Ihre Ausführungen interessiert, wird er mit dem Oberkörper in der Regel nach vorn kommen, vielleicht sogar die Ellenbogen auf den Tisch stützen und Ihnen aufmerksam zuhören. Sie behalten zunächst die zurückgelehnte Sitzposition bei. Nach einer Weile wird sich der andere wieder auf dem Stuhl zurückziehen, und nun kommen Sie bei seiner Rede nach vorn. In diesem Rhythmus finden angeregte Gespräche statt, die Personen sind in Bewegung, unterstützt von ihrer Gestik. Der Höhepunkt der Übereinstimmung ist dann erreicht, wenn beide gleichzeitig den Oberkörper nach vorne neigen. Bei Kindern – die ihre Emotionen ja weniger steuern – kann dieses Zusammenspiel wunderbar beobachtet werden. Sie zeigen unverhohlenes Interesse auch dadurch, dass sie sogar bis zur äußersten Sitzkante vorrücken.

Tipp: Sollte solch ein Wechselspiel nicht zustande kommen, weil Ihr Gegenüber in *einer festen* Position verharrt, können Sie das Vorkommen und Zurücklehnen allein praktizieren, um ihn aufzulockern. Es gibt aber auch Gesprächssituationen, in der der Partner die Bein- oder Körperhaltung stets in blockierender Weise zu Ihnen wechselt, was sich dann in einer stockenden Kommunikation zeigt. Dieses Verhaltens ist ursächlich darin begründet, dass der andere zum momentanen Zeitpunkt nicht für das Gespräch bereit ist. Da Sie niemanden zwingen können, vertagen Sie es!

Die Körpersprache des einen Gesprächspartners signalisiert noch Zurückhaltung. Doch das offensichtliche Interesse zeigt die Schrägstellung des Kopfes.

Der vorgebeugte Oberkörper ist ein eindeutiges Zeichen für echte Anteilnahme. Das Voranstellen des gleichen Fußes signalisiert zudem Harmonie.

Bewegungselemente auf engstem Raum

Einen lebendigen Vortrag in sitzender Position zu halten heißt, körperliche Bewegung einzusetzen. Die erzeugen Sie mit gestischen und mimischen Elementen und mit dem Oberkörper. Sie variieren die Kopfhaltung, beugen und drehen den Oberkörper (beispielsweise beim Überschlagen des Beines). Eine Bewegungssteigerung bedeutet es, wenn Sie den »ganzen« Körper in eine neue Position setzen. Dafür müssen Sie sich auf der Lehne oder Stuhlfläche abstützen und in Zeitlupe »hinüberhieven«. Gerade im Sitzen gilt: Schaffen Sie so viel Bewegung wie möglich. Sich während des Sprechens kurz zurückzulehnen, um dann mit einer schnelleren Bewegung den Oberkörper wieder nach vorne zu bringen, ist ebenfalls ein Bewegungselement. Diese »Bewegungsregel« verhindert beispielsweise die häufig zu beobachtende Variante, dem Nachbarn lediglich den Kopf zuzudrehen, während der Oberkörper in der Frontalhaltung bleibt. Das ist unhöflich und Sie verspannen sich dabei. In einer verdrehten Position sind Sie weder besonders aufnahmefähig noch geistig kreativ.

Sich zuwenden mit dem ganzen Körper.

Die Volldrehung

Wenn Sie es in einer Teamsitzung mit mehr als einem Gesprächspartner zu tun haben, wenden Sie sich am besten dem jeweiligen Gesprächspartner mit dem ganzen Oberkörper zu, um ihn direkt anzuschauen. Diese Volldrehung findet mit dem ganzen Körper statt, indem Sie das Gesäß leicht von der Sitzfläche anheben. Weil Sie dabei die Bauch- und untere Rückenmuskulatur einsetzen müssen, ist das wie eine Turnübung, die Ihren Kreislauf belebt. Eine weitere positive Wirkung ist die für alle sichtbare Zuwendung zum anderen. Damit Sie aber die Aufmerksamkeit der anderen Teilnehmer erhalten, können Sie mit Gesten wirkungsvoll Ihre Ausführungen unterstreichen.

Untermalen Sie mit wirkungsvollen Gesten Ihre Ausführungen, um alle Partner zu beteiligen, auch wenn Sie im Augenblick nur einen direkt ansprechen.

Tipp: Um Körperdrehungen auf Ihrem Stuhl vollziehen zu können, rücken Sie Ihren Stuhl so weit vom Tisch ab, dass Sie mit den Händen noch Kontakt zur Tischplatte haben. Den nötigen Abstand berücksichtigen Sie schon, bevor Sie Platz nehmen. Nachträgliches Verrücken des Stuhls kann sonst einen theatralischen Eindruck erwecken. Dieser Abstand zur Tischplatte verhindert außerdem, dass Sie sich »gemütlich« aufstützen und damit geistig abschalten.

Wollen Sie sich hingegen bewusst aus einem Gespräch ausklinken, lehnen Sie sich für alle sichtbar zurück.

Das zeitweilige Stehen

Eine Bewegungssteigerung bedeutet es, wenn Sie Ihren Platz auch einmal verlassen und aufstehen, und das ist selbst auf geringstem Raum möglich. Was Sie in einem großen Rahmen, etwa während einer Konferenz, eventuell daran hindern könnte aufzustehen, ist die Tatsache, dass Sie alle Blicke auf sich ziehen und vielleicht in Verlegenheit geraten. Außerdem könnten Sie mit diesem ungewohnten Verhalten Anwesende brüskieren, weil das Hierarchiegefüge eine solche Vorgehensweise nicht zulässt. Ausprobieren sollten Sie aber die Wirkung des Aufstehens in einer Besprechung mit gleichrangigen Teilnehmern, bei der Sie erfahrungsgemäß Schwierigkeiten haben, Gehör zu finden.

Das zeitweilige Stehen als ausdrucksstarke Körperhaltung bewährt sich ebenso in jeder Art von Konfliktgesprächen. In einem Gespräch in kleiner Runde verändern Sie durch das bewusste Aufstehen den Blickwinkel, nicht nur für sich, sondern gleichermaßen für die Teilnehmer. Ihre Stehposition hebt Sie (körperlich) aus der Runde heraus und verdeutlich nonverbal Ihre Autorität oder die Brisanz des Themas. Mit dieser Performance erhalten Sie die Qualität an Aufmerksamkeit, die es Ihnen in akuten Konfliktsituationen erspart, die Stimme zu erheben und sich damit emotional (negativ) zu engagieren. Als abschließende und harmonisierende Aktion wirkt es dann, wenn Sie mit Bedacht wieder Platz nehmen und damit zurückkehren in die Position »auf Augenhöhe«.

Die Stehposition lässt sich noch variieren, indem Sie – selbst bei wenig freier Fläche ist das möglich – ein Gehmuster konzipieren. Bekanntlich lassen sich Gedankengänge logischer und griffiger formulieren, wenn wir in Bewegung sind.

Anmerkung: Das Aufstehen eignet sich vorrangig für Situationen, in denen mehr als zwei Personen anwesend sind. Im Zweiergespräch ist es hingegen eine Frage der beruflichen Stellung, ob Sie sich exponieren können und wollen.

Das Aufstehen können Sie nun folgendermaßen durchführen: Noch während des Sprechens lösen Sie sich langsam aus der Sitzhaltung und erheben sich; die Hände stützen Sie dabei auf der Tischplatte ab. Kommen Sie nun im Zeitlupentempo in den Stand, denn durch das veränderte Größenverhältnis nehmen Sie für die Sitzenden eine »bedrohliche« Position ein. (Abbildung ①, S. 58 oben)

In der nächsten Phase treten Sie von hinten an Ihren Stuhl oder Sessel, stützen die Hände auf die Rücklehne und knicken mit dem Oberkörper ein wenig

Das Aufstützen hält Sie in leicht gebeugter und damit verbindlicher Körperhaltung.

Sie referieren aus dem Stand und praktizieren den wechselnden Blickkontakt.

Die Stehpause eignet sich für » eindringliche« Gestik.

Die Performance garantiert, dass auch momentan nicht Angesprochene weiterhin konzentriert an Ihren Ausführungen Anteil nehmen.

ein – damit nähern Sie sich optisch der Sitzhöhe der anderen an (s. Abbildung ①, S. 58). In dieser Frontalhaltung ist wechselnder Blickkontakt möglich, und Sie können aus der Mimik Reaktionen ablesen (s. Abbildung ②, S. 58).

Um bei längeren Vorträgen die statische Körperhaltung aufzuheben, gehen Sie einige Schritte zur Seite hin, bewegen sich dabei im Zeitlupentempo. Um den Bewegungsablauf weiterzuführen, lösen Sie die Hände, die allmählich in Gestik übergehen, und gehen langsam nach links, bleiben stehen, um dann zur rechten Seite zu wechseln. Die jeweiligen Standpausen lassen sich zur Unterstreichung der Thematik nutzen, entweder um einen »Punkt« zu setzen oder um Ihren geistigen »Standpunkt« zu verdeutlichen (s. Abbildung ③, S. 59).

Während Sie noch sprechen, nehmen Sie in Zeitlupe Platz und beenden Ihre Ausführungen erst, wenn Sie wieder sitzen – sozusagen als »Schlusspunkt« (s. Abbildung ④, S. 59).

Gestik

Mit unserer Körperhaltung und den Bewegungen der Gesichtsmuskulatur sind wir imstande, Befindlichkeiten nach außen hin sichtbar zu machen.

Die Gestik, als bewegende Handarbeit, geht aber noch weit darüber hinaus. Sie fördert die Kreativität des darzustellenden Ausdrucks und steigert das frei fließende Denken. Sie baut Blockaden ab, entspannt und bringt zugleich Energie.

Durch die Gestik, die als eine eigene Sprache bezeichnet wird, können wir nonverbal ein Wort ersetzen oder sogar komplexe Zusammenhänge »zeichnen« und damit anschaulich machen.

Grundlagen der Gestik

In diesem Kapitel erfahren Sie Grundlegendes zu folgenden Themen:

- Grundsätzliches.
- Die Anatomie der Gesten.
- Die Basishand als Grundgeste.
- Große oder kleine Gesten.
- Frontal oder seitwärts ausgeführte Gesten.
- Gesten mit geöffneten oder geschlossenen Fingern.
- Gesten mit gestreckten oder gebeugten Fingern.
- Handrücken oder Handinnenseite einsetzen.
- Das Zeigefinger-Syndrom

Wir verwenden Gestik, um Worte und Vorgänge anschaulich zu machen oder besonders zu unterstreichen. Hinzu kommt, dass bewegte Hände die Hirntätigkeit anregen, und zwar nicht nur bei dem Sprecher als Ausführendem, sondern auch bei den Zuschauenden, die die Bewegungen beobachten. Wenn wir formulieren und dabei logische Gedankengänge äußern, erwarten wir im Allgemeinen, dass unser Gegenüber uns ohne weiteres folgen kann. Dabei lassen wir außer Acht, dass die Worte zunächst als Abstraktes beim anderen ankommen; er muss die Inhalte erst umsetzen, um sie auch in unserem Sinne zu verarbeiten und zu verstehen. Diesen Vorgang können und sollten wir der rascheren Aufnahme halber als Vortragender unterstützen. Bedenken Sie, dass wir mit jeder Äußerung eine Absicht verbinden, nämlich unsere Gedanken anderen zugänglich zu machen und im direkten Kontakt eine Reaktion darauf zu erhalten. Je klarer die Kommunikation ist, desto erfolgreicher kommen wir zum Ziel.

Wie Sie vielleicht in der Praxis beobachtet haben, spricht uns aber nicht jede Form der gestischen Bewegung an; manche empfinden wir sogar als störend. Hierzu zählt die Gestik, die ohne Darstellungsinhalt bei fast jedem Wort gemacht wird, denn sie wirkt als fahriges Herumfuchteln und irritiert. Als vorhersehbar, und damit als überflüssig, werden solche Gesten empfunden, die realitätsgetreu nachgebildet werden. Sprechen Sie beispielsweise von einem runden Gegenstand (einer Kugel, einem Ball), so zeichnen Sie mit den Händen auf keinen Fall die volle, runde Form. Der Viertel- oder Halbkreis ist im Zusammenhang mit dem gesprochenen Wort eine reduzierte Darstellung, die den Begriff ausreichend veranschaulicht und gleichzeitig die Kreativität des Zuschauers anregt.

Die Technik der Darstellungsmöglichkeiten und das Wissen um die Wirkung der gestischen Handhabung setzen hier an.

Grundsätzliches

Das Wo und Wie der Gesten

Wirkungsvolle Gesten setzen stets *oberhalb der Taille* an, auch wenn Sie gestisch nach unten arbeiten. Führen Sie jede Geste *vollständig* aus, denn in Ansätzen wirkt sie wie »hingeworfen« und hinterlässt einen eher störenden Eindruck.

Links:
Gestik setzt immer oberhalb der Taille an.

Rechts:
Nach vorn ausgerichtete Gestik.

Mit den Händen zu »sprechen« ist ein wichtiger Unterhaltungsfaktor während eines Vortrags. Der Anreiz für Zuschauende liegt im ständigen Wechsel zwischen knapper, akzentuierter Bewegung und ruhiger, gedehnter Handarbeit. Haben Sie beispielsweise eine Weile die gestreckte Hand eingesetzt, wechseln Sie auf eine lockere, entspannte Handhaltung. Variantenreiche Gestik bezieht ebenfalls die verschiedenen Richtungen ein, also horizontale und vertikale Bewegungen. Mehr noch als gute Worte wirkt Gestik auf der emotionalen Ebene. Da Gesten die Aussagekraft eines Begriffs verstärken, ist darauf zu achten, mit welchen Gefühlen dieser allgemeingültig verbunden ist (s. S. 83 ff.).

Berücksichtigen Sie, dass die Zuschauenden nicht nur Ihren Gesten folgen, sondern auch Ihrer Blickrichtung. Wenn Sie der Ausdruckskraft Ihrer Hände hin und wieder einen Blick schenken, weisen Sie der jeweiligen Geste einen höheren Stellenwert zu.

Jede Geste erfolgt Sekundenbruchteile *vor* dem gesprochenen Wort, denn wann immer wir einen Redner beobachten, dessen Geste simultan mit dem Wort ausgeführt wird, empfinden wir die Unterstreichung als überflüssig.

Einfluss der Gestik auf den Sprechrhythmus

Gesten regen jedoch nicht nur unsere Hirntätigkeit an, sondern setzen auch Bewegungsenergie frei – und halten so den ganzen Körper in Schwung. Da dieser gelockert agieren kann, wirkt sich die Bewegung rhythmisch gestaltend auf das Sprechen aus.

Tipp zur Drosselung des Sprechtempos: Sollten Sie zum Schnellsprechen neigen, können betont ruhig ausgeführte Gesten bremsend wirken. Legen Sie bereits beim Konzipieren des Vortrags fest, an welcher Stelle Sie solch eine »beruhigend« wirkende Geste einbauen; zum Beispiel eine Untermalung, bei der Sie die Arme weit ausbreiten müssen (der »lange« Weg erfordert Zeit). Eine weitere Möglichkeit ist, eine komplexere Geste länger »stehen« zu lassen. (Anleitung s. S. 91)

Variante: Wenn Sie Ihren Körper motorisch gut koordinieren können, geben Sie sich mit einem Fuß ein verlangsamtes (Sprech-)Tempo vor. Üben Sie zunächst ohne Zuschauer; während Ihres Vortrags bewegen Sie dann nur noch (fast unsichtbar) die Zehen in den Schuhen. Weiteres hierzu erfahren Sie im Kapitel »Tipps«, s. S. 153 ff.).

Gestik in der Sitzposition

Im Sitzen sind die Bewegungsmöglichkeiten eingeschränkt und damit auch der Einsatz unserer Hauptgestaltungselemente wie Oberkörper, Arme und Hände. Um dennoch eindrucksvolle Gesten machen zu können, nutzen Sie für einige Darstellungen den Fußboden beziehungsweise die Tischplatte als unteren Bezugs- beziehungsweise Basispunkt.

Am Tisch halten Sie die Arme eng am Körper.

Benutzen Sie die Tischplatte als Basispunkt, so bleibt Ihr Arm in dieser noch »entspannten« Position. Machen Sie diese Geste »raumsparend« zur Seite hin.

Tipp: Probieren Sie aus, wie hoch sich der gestreckte Arm halten lässt, ohne Verspannungen in der Schulter zu erzeugen. Ihre Mimik wird sonst den Spannungsschmerz widerspiegeln, und der lenkt die Zuschauenden ab.

Ein Tisch vor uns, lässt wenig Platz für gestische Bewegungen. Daher erfordert diese Haltung eine Gestik, die hauptsächlich nach vorn hin ausgerichtet ist, um keinesfalls das Gesichtsfeld zu verdecken.

Sitzen Sie jedoch frei im Raum und behindert Sie gestisch kein Mobiliar, haben Sie einen größeren Aktionsradius. Doch auch hier achten Sie unbedingt darauf, Handbewegungen vor dem Gesicht zu unterlassen. Abgesehen davon, dass Ihre Mimik sonst versteckt ist und Sie gegen eine »Mauer« sprechen, wirkt solches »Hantieren« fahrig und inkompetent.

Die Anatomie der Gesten

Die Hand bietet zahlreiche Darstellungsvariationen und ist ein äußerst bewegliches Instrument. So nutzen wir in der Gestik das Handgelenk für Drehungen, Versteifungen oder rasten es gezielt ein. Die Handinnen- und Außenflächen haben beim Aufzeigen jeweils ihre eigene Wirkung. Die Finger wiederum lassen sich zusammenpressen oder abspreizen (öffnen), zur Faust formieren oder auch elegant auffächern. Wir können sie strecken, in verschiedenen Winkeln beugen und sogar im Fingergelenk kleinste Bewegungen »zelebrieren«.

Nicht nur, dass jeder dieser Ausdrucksmöglichkeiten eine differenzierte Bedeutungsweise zugeschrieben wird, die Gesten wirkt auch auf uns selbst. Strecken Sie beispielsweise die Finger oder ballen sie zur Faust, dann setzen Sie bewusst Kraft ein, die Sie körperlich als weitertragenden Impuls (für den verbalen Ausdruck oder für Körperbewegungen) spüren und nutzen können. Das Öffnen der Finger hingegen wird eine milde Stimmung hervorrufen, die verstärkt wird durch anschließendes Auffächern. Dies ist dann deutlich an Ihrem Tonfall zu hören.

Wenn Sie Ihre Hand einmal unter diesen Gesichtspunkten bewegen und aufmerksam betrachten, spüren Sie die unterschiedlichen Wirkungsweisen.

Die ruhende Basishand als Grundgeste

Als Basishand bezeichne ich die *weniger aktive* Hand, bei Rechtshändern ist dies die linke, bei Linkshändern die rechte Hand. In der Gestik dient die Basishand als »Unterlage«, die Handinnenfläche zeigt stets nach oben. Auf dieser Fläche können Sie Ihre andere Hand ablegen, darauf tippen oder sie beispielsweise als Höhenbegrenzungspunkt nutzen.

Die Formierung der Hände zur Basisgeste verhindert in der Anfangsphase jegliches Verkrampfen. Halten Sie dabei zunächst die Arme eng am Körper, das gibt Ihnen ein Gefühl der Sicherheit, bevor Sie die Arme allmählich vom Körper lösen und in Gestik übergehen.

Anmerkung: Die »Variation Basishand« wird ausführlich ab Seite 110f. dargestellt

Tipp: Damit die Geste auch als ebenmäßige Unterlage erkennbar bleibt, vermeiden Sie auf jeden Fall, Spannung aus der Hand zu nehmen! Der Anblick leicht gebeugter Finger erinnert sonst an eine Bittstellergeste.

Die Grundhaltung im Stand

Die Körperhaltung im Stand sieht folgendermaßen aus: Der Körper ist gestrafft und aufrecht, die Knie sind durchgedrückt, und die Füße stehen *hüftbreit* auseinander. Sie sind parallel ausgerichtet, die Fußspitzen zeigen nach vorn. Die gestreckte Basishand nimmt in Taillenhöhe die andere (ebenfalls gestreckte) Hand auf, die Oberarme liegen eng am Körper.

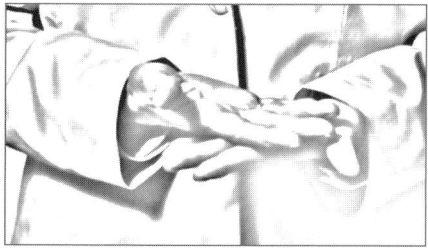

Die Basishand wird immer gestreckt gehalten, mit einer leichten Spannung.

Die Basishand als »sicherer Hafen«.

Große oder kleine Gesten

Grundsätzlich führen Sie Gestik *oberhalb* der Gürtellinie aus. Kleine Gesten sind der Grundtenor, den Sie mit den so genannten großen Gesten anreichern. Gezielt beginnen Sie eine »große« Geste im unteren Bereich, um sie wirkungsvoll nach oben hin auszugestalten, beispielsweise wenn Sie die Sachverhalte darstellen wollen: »Ganz unten haben wir angefangen … und heute stehen wir hier!« oder »Das Fundament ist gelegt, der Aufbau vor uns!« Diese ausholende Bewegung beansprucht die gesamte Armlänge und spricht stark die Emotionen an; sie eignet sich für Aussagen, die Appellcharakter haben. (Als Grundtenor verstehen sich die Gesten, die unseren Sprachrythmus begleiten.)

Aber auch bei einem technischen Vortrag lässt sie sich anwenden, wenn Sie beispielsweise eine enorm große Strecke zeigen wollen. Der gesteigerten Wirkung halber lassen Sie sie für ein bis zwei Sekunden stehen, wippen die Formation leicht auf und ab (das beugt gleichzeitig Verspannungen im Schulterbereich vor).

*Diese große Geste nimmt
allen Raum ein.
Die abgeknickten Finger
zeigen die Begrenzung.*

*Die große Geste braucht zwar beide
Hände, aktiv ist aber nur eine Hand.
Die ruhig stehende Basishand
ist mit im Blickfeld und sorgt für
Ausgewogenheit.*

Frontal oder seitwärts ausgeführte Gesten

Gestische Bewegungen, die Sie frontal vor Ihrem Oberkörper machen, sollten Ihr Gesichtsfeld unbedingt frei lassen. Wenn Sie die emotionale Wirkung steigern wollen und die Hände auf Kopfhöhe nehmen, etwa in der Bedeutung: »In solch engen Bahnen wird gedacht!«, halten Sie seitlichen Abstand zu Ihrem Kopf, sonst erhält die Geste die Bedeutung von »Scheuklappen«.

Zeigen Sie den Sachverhalt: »Diesen Bereich decken wir ab«, sollte der nach vorne ausfahrende Arm nicht so weit reichen, dass Sie mit der Schulter oder dem Oberkörper aus der aufrechten Haltung herauskommen. Ansonsten verändern Sie die Bedeutung dieser Geste, einhergehend mit einer unwillkürlich gebeugten Haltung, in: »Eine mühsame Strecke/ein mühsamer Weg«.

Mit der Frontalgestik bleiben Sie grundsätzlich im engeren Bereich der Körperfront, die daher »geschlossen« wirkt. Eine weitere Bedeutung erhält diese Art der Gestik dadurch, dass sie ins zentrale Blickfeld gerückt ist und die Zuschauer die gestische Aussage stark mit Ihrer Person verbinden, die ja unmittelbar dahintersteht (das können Sie wörtlich nehmen). Wird also die Handarbeit nicht akzentuiert und ruhig ausgeführt, könnte man Ihnen, zumindest während der Ausführung, das Attribut der Inkompetenz zuschreiben.

Im Gegensatz dazu verlagern Sie mit seitwärts ausgeführter Gestik den Schwerpunkt nach außen und (im Gegensatz zur Frontalgestik) rücken als Person mehr in den optischen Hintergrund. Diese Art der Untermalung eignet

Links:
Nur in Körperbreite
wird die Frontalgestik
nach vorn ausgeführt.

Rechts:
Bei seitlich ausgeführten
Gesten rückt die Mimik
verstärkt mit ins Blickfeld.

sich immer dann, wenn Sie beispielsweise unterschiedliche »Gesichtspunkte« darstellen. Durch die räumliche Trennung von rechter und linker Seite wird dieser Unterschied plastisch hervorgehoben. Der Oberkörper bleibt dabei mittig, lediglich die Arme agieren außerhalb Ihrer Körperfront. Die gestische Darstellung: »Diesen Bereich lagern wir aus«, wird nur zu einer Seite hin gemacht. Dadurch, dass die Arme sich vom Körper wegbewegen (in den freien Raum) und von der Person wegführen, wirkt diese Geste als deutlich sichtbare Abtrennung. Im Zusammenspiel mit dem Tonfall und dem mimischen Ausdruck wird die beabsichtigte Stimmung der Aussage getroffen.

Gesten mit geöffneten oder geschlossenen Fingern

Grundsätzlich gilt, dass die beabsichtigte Aussagekraft einer Geste im Wesentlichen davon abhängt, ob Sie die Finger geschlossen halten oder ob Sie sie öffnen (abspreizen).

Mit geöffneten Fingern zu agieren ist immer dann sinnvoll, wenn Sie etwas Zartes oder nicht Greifbares darstellen oder unterstreichen wollen. Die Metapher: »Das ist ein Pflänzchen, das noch wächst und Unterstützung braucht«, wird mit leicht geöffneter Fingerformation und einer gleichzeitigen Aufwärtsbewegung der Hand dargestellt. Halten Sie hingegen bei dieser Aussage die Finger zusammen, wird aus dem zarten Pflänzchen eher ein solider Stamm.

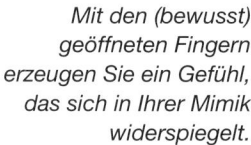

Mit den (bewusst) geöffneten Fingern erzeugen Sie ein Gefühl, das sich in Ihrer Mimik widerspiegelt.

Das nicht Greifbare hat ebenfalls noch keine feste Gestalt. Geben Sie beispielsweise eine Frage in das Auditorium und unterstreichen diese gestisch, so fächern Sie dabei die Finger auf (Sie spechen also alle an und wissen noch nicht, welche Person antworten wird). Zeigen Sie aber explizit auf jemanden, bleiben die Finger geschlossen.

Tipp: Diesen Unterschied können Sie selbst einmal ausprobieren, indem Sie sich einen Begriff vorstellen, der Festes untermalen soll. Unterstreichen Sie Ihre Worte mit geöffneten beziehungsweise gespreizten Fingern, verpufft die Wirkung und damit die Glaubwürdigkeit Ihrer verbalen Aussage.

Gesten mit gestreckten oder gebeugten Fingern

Eine Hand, deren Finger gestreckt *und* geschlossen sind, versinnbildlicht Vitalität und Entschlossenheit bis in die Fingerspitzen. Dabei gilt allerdings, dass Sie die Finger nicht aneinanderpressen, weil das Spannungen verursacht.

Diese Gestik findet Anwendung in der Darstellung räumlicher Begrenzungen und Maße, lässt sich aber auch für emotionale Aussagen oder Appelle einsetzen. Wollen Sie die Aussage: »In diesem Rahmen bewegen wir uns«, gestisch begleiten, so stecken die geschlossenen und gestreckten Finger anschaulich das Terrain ab. Die kraftvolle und glaubwürdige Verstärkung einer emotionalen

Vitale Ausdruckskraft liegt in der vollen Streckung der Finger.

Selbstaussage wie: »Dafür stehe ich ein!«, braucht die Kraft der geschlossenen und gestreckten Fingerformation. Auch der Appell, der ja eine Aufforderung – und damit fordernd – ist, wird mit der »Festigkeit« dieser Geste unterstrichen.

 Tipp: Wirken Sie dem Zeigefingerangriff entgegen und richten die Fingerspitzen der weisenden Hand ein wenig nach oben.

Wenn Sie gestreckte Finger beugen, spüren Sie eine wohltuende Entspannung. Diese Leichtigkeit ist auch der Grundtenor einer Geste mit gebeugten Fingern. Sie signalisiert zudem Zurückhaltung und lässt Dinge offen im Raum stehen.

Nehmen Sie allerdings große Spannung in das Beugen, wird aus Leichtem wieder etwas Festes, Gegenständliches, und die Bedeutung der Geste verändert sich grundlegend (s. S. 104).

 Tipp: Die gestische Grundaussage bei der Kombination gebeugter und gestreckter Finger, nämlich verbindlich und doch zurückhaltend etwas zu akzentuieren, bleibt immer dann erhalten, wenn die Streckung ohne Anspannung gemacht wird.

Interessante Kombination gebeugter und gestreckter Finger

Handrücken oder Handinnenseite einsetzen

Der Handrücken zeigt eine geschlossene Fläche. Sind die Finger dabei gestreckt, bedeutet dies immer eine Begrenzung und etwas Festes. Die Stringenz dieser Geste unterstützt die Basishand, die sich automatisch der Streckung anpasst.

Werden beide Hände gleichzeitig aufgezeigt, verstärken Sie den Appellcharakter, und um die Wirkung zu intensivieren, vergrößert der abgespreizte Daumen die Aktionsfläche »Hand«.

In sachlicher Bedeutung zeigt dieser feststehende Handrücken: »Hier ist die Grenze.«

Der vorgebeugte Oberkörper und das andeutungsweise Winken mit einer Hand signalisieren: »Nennen Sie mir die Fakten, ich nehme sie auf!«

Gesten, deren Hauptaussagekraft im Aufzeigen des Handrückens liegt, vermitteln immer die Bedeutung von Entschlossenheit und Nachdruck. Das gilt auch dann, wenn sie abmildernd mit gebeugten Fingern ausgeführt werden. Setzt also jemand diese Gestik als Grundtenor (kleine, untermalende Gesten) ein, kann das als Abgrenzung gegenüber dem Gesprächspartner gewertet werden und eine partnerschaftlich angelegte Kommunikation erschweren.

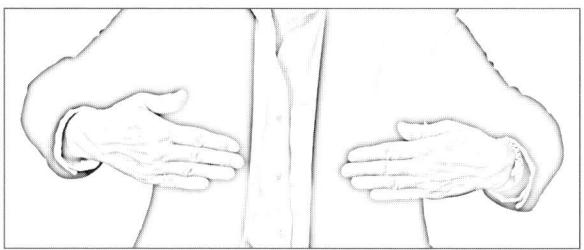

Links:
Die »ernste« Miene unterstreicht, dass die Dinge noch nicht zusammengekommen sind.

Oben:
Halten Sie die Hände waagerecht auf einer Höhe, um eine Abgrenzung zu zeigen.

Variante der Bedeutung:
Bewegen Sie die Formation vor und zurück, dann demonstrieren Sie einen zur Verfügung stehenden Spielraum

Doch auch die Richtung, in der die Hände gehalten werden, geben dieser Gestik eine nuancierte Bedeutung:

- Zeigen die Finger nach oben in den freien Raum, symbolisieren sie ein gewisses Maß an Offenheit.
- In der Waagerechten hingegen wirken die Handaußenflächen wie eine solide Wand und bedeuten etwas Unumstößliches oder signalisieren eine Grenze.
- Die Aussagekraft dieser Gestik wird entscheidend von der Mimik und Körperhaltung mitbestimmt.

Die aufgezeigten Handinnenseiten symbolisieren grundsätzlich Offenheit, auch dass man nichts zu verbergen hat (denken Sie nur an die erhobenen Hände, die demonstrieren: »Ich bin unbewaffnet«).

Mit der Richtungsänderung der Hand verändert auch diese Geste ihre Bedeutung. Zeigt sie nach oben, deuten wir dieses Signal als ein »Stopp!« oder aber wir grenzen uns von etwas energisch ab.

Das Aufzeigen in der waagerechten Position versinnbildlicht Aufnehmendes, einen Boden, aus dem etwas sprießt. Außerdem werden in dieser Weise nicht abgeschlossene Prozesse dargestellt (s. S. 101f.).

Die nach unten weisenden Hände brauchen allerdings noch ein weiteres Merkmal, um eindeutig zu sein. Werden sie locker gehalten, drücken sie Ratlosigkeit aus (etwa zusammen mit leicht hochgezogenen Schultern), während sie im gestreckten Zustand Tatkraft symbolisieren (begleitet von einer kurzen ruckartigen Streckbewegung). Wir setzen also noch Mimik und Körperhaltung ein, um ein eindeutiges Bild zu schaffen.

Die als rhetorisches Element eingesetzte Ratlosigkeit (hinter der eine tatkräftige Aufforderung steckt) erzielen Sie, wenn die gestreckten Hände weit außerhalb der Körperfront gehalten werden. Um aber für jede Situation ein eindeutiges Bild zu schaffen, geben Mimik und Körperhaltung Gewissheit.

Links:
Eine »friedliche« Zurückweisung oder Abgrenzung drückt die leichte Schrägstellung des Kopfes aus.

Rechts:
Tatkraft (durch die geschlossene Fingerformation mit Streckung) bedeutet diese Geste.

Das Zeigefinger-Syndrom

Kein Finger wird gestisch so oft eingesetzt wie der Zeigefinger. Gleichgültig zu welchem Anlass, stets soll er dafür sorgen, gesteigerte Aufmerksamkeit zu erringen (Achtung!), den anderen »mundtot« zu machen oder den Aussagen unbedingte Richtigkeit zu verleihen. Einige Mitmenschen begleiten selbst Banalitäten mit dem Zeigen dieses Fingers, um ihre Worte »gewichtiger« erscheinen zu lassen. Dass der Zeigefinger auch als eine Art Waffe dient, bekommen Sie dann zu spüren, wenn jemand mit dem Finger auf Sie zeigt und dabei noch den Arm ausstreckt. Die Bedrohlichkeit ist noch zu steigern, nimmt der andere zur Verlängerung einen Stift in die Hand.

Manche Menschen benutzen den Zeigefinger auch als einen Taktstock, der ihren Sprechrhythmus unentwegt vorgibt. Diese Gestik bindet die gesamte Aufmerksamkeit des Betrachters, und die Worte gehen dabei »verloren«; die Eintönigkeit und das Zuviel an Bewegung erzeugen Irritationen und Abwehr. Obwohl die Verwendung des Zeigefingers in der Gestik keinerlei Nutzen hervorbringt, neigen viele dazu, ihn bei jeder sich nur bietenden Gelegenheit ein-

Links:
Dünn, wie ein Stöckchen,
dominiert ein einziger
Finger die ganze Person.

Rechts:
Die Mimik verschärft noch
den gestischen »Angriff«.

zusetzen. Daher spricht man vom Zeigefinger-Syndrom, das in fast jedem von uns schlummert (zumindest im europäischen Kulturkreis). Der gängigste Erklärungsversuch ist die Erinnerung an unsere früheste Kindheit oder Schulzeit, in der der Zeigefinger »Vorbildcharakter« hatte und wir diese Geste unbewusst übernommen haben. Ein weiterer und in der Erwachsenenwelt unterschwellig wirkender Aspekt liegt in einer Bedeutung, die aus dem späten Mittelalter bekannt ist, nämlich das Zeigen mit diesem Finger auf eine Person als höhnisches Deuten. Wenn Sie nun meinen, wir haben das Mittelalter längst hinter uns gelassen, so beobachten Sie einmal Kinder. Hier ist die gezielte Verhöhnung eines anderen mittels ausgestrecktem Finger (und vielleicht noch zusammen mit der Zunge) auch heutzutage noch gängiger Brauch.

Tipp: Um eine Angriffsstellung als Kommunikationsblockade zu vermeiden, arbeiten Sie möglichst immer mit der *ganzen Hand*, mindestens aber mit mehreren Fingern (s. S. 82).

Darstellung und Bedeutungsinhalte von Gesten

Dieses Kapitel enthält Beispiele der räumlichen Maßeinheiten sowie eine Vielfalt an Abstraktem und Gegenständlichem, das sich gestisch interessant darstellen lässt. Dabei erhebe ich nicht den Anspruch, auf alle Möglichkeiten eingegangen zu sein. Die getroffene Auswahl resultiert aus meiner Erfahrung und Beobachtung im Berufsleben.

Da in diesem Buch Grundsätzliches im Hinblick auf Einsatz und Wirkmöglichkeiten unserer körpersprachlichen Ausdrucksmittel beschrieben und dargestellt ist, kann es für Sie ein Anreiz sein, auch Ihre bislang angewandte Gestik zu überprüfen, zu verändern und neue Elemente zu erlernen. Eine Anleitung dazu finden Sie auf den nachfolgenden Seiten.

Was jede Geste darstellt, ist durchaus nicht beliebig. Stimmig ist eine Geste immer dann, wenn jeder sie eindeutig interpretiert. Dass Körperausdruck und Wort stimmig sind, lässt sich an der Mimik des Gegenübers ablesen, einem zustimmendes Kopfnicken oder auch an der passenden Entgegnung im Gesprächsverlauf. Will ich beispielsweise etwas räumlich zeigen, begrenzen die gestreckten und vielleicht sogar im Gelenk abgeknickten Hände in der Horizontalen und Vertikalen den Raum wie Wände. Machen Sie aber nur eine indifferente Handbewegung, läuft die Bedeutung ins Leere und nimmt sogar negativen Charakter an. Zuschauer schließen nämlich von der Körperhaltung und der Gestik auf die Qualität Ihrer verbalen Aussagen.

Dass die Bedeutungsinhalte der Gestik mit der Körperhaltung und der Mimik verbunden sind, sollten Sie unter dem Aspekt der Eindeutigkeit und damit der Wirksamkeit berücksichtigen.

Dieses Kapitel zeigt anhand konkreter Beispiele eine Auswahl zu den unterschiedlichsten Inhalten. Vom Zeigen und Aufzählen, über die Darstellung räumlicher Maße und laufender Prozesse, bis hin zu Metaphern und Gegenständlichem. Neben Anleitungen und Tipps erfahren Sie, ob die Geste sich für den Stand oder auch in der Sitzposition eignet.

Um Ihnen das Erlernen konkreter Gesten einerseits nahezubringen, andererseits aber auch zu erleichtern, erläutere ich Ihnen umfassend die Grundlagen und die praktische Vorgehensweise.

Lernmethodik-Gesten

Erster Schritt: Analyse der Gestik

Selbst wenn Sie meinen, keine Gesten zu verwenden, so machen die meisten Menschen doch unbewusst Handbewegungen beim Sprechen. Achten Sie einmal darauf, zu welcher Art gestischer Sprache Sie neigen. Dabei liegt ein Grundtenor vor, auf den sich jemand »festgelegt« hat und meist nur graduell davon abrückt.

- Das können *runde* und meist *ausladende* Bewegungen sein, ganz so als würde der Sprecher ein Orchester dirigieren.
- Andere wiederum benutzen eher *rhythmusgebende* Gestik, wobei die Hand wie ein Taktstock auf und nieder geht und diese Bewegung kurz und zackig aussehen lässt.
- Eine weitere Spielart sind Hände, die unmotiviert *etwas von sich schleudern.*
- Auf das *Zeigefinger-Syndrom* bezogene Gesten haben diesen einen Finger pausenlos im Einsatz, ob gestreckt (oder abmildernd) leicht gebeugt.

Da ein unmittelbarer Zusammenhang zwischen Sprechen und Gestik besteht, wirkt sich das auf unsere Gedankenarbeit und die verbale Vermittlung aus. Verändern und variieren Sie hingegen Ihre gestische Sprache, nehmen Sie positiven Einfluss auf den Sprechrhythmus und fördern das ungehinderte Fließen der Gedanken – bei sich und den anderen.

Charakteristische Auswirkungen der gestischen Grundsprache

Unsere gestische Grundsprache wirkt sich auch auf das aus, was wir sagen und wie wir es darbringen:

- Runde und ausladende Gesten gehen einher mit ausschweifenden Umschreibungen, und es dauert, bis derjenige auf den Punkt kommt. Die Zuhörer kann ein solcher Wortbeitrag ungeduldig werden lassen, was wiederum zur Folge hat, dass sie nicht mehr zuhören.
- Zackige und kurz gefasste Gesten begleiten meist Sätze, die Stück für Stück herauskommen und von den Zuhörern erst in einen sinnvollen Zusammenhang gebracht werden müssen. Das ist eine ziemlich ermüdende Ar-

beit. Hinzu kommt, dass der stakkatohafte Sprechrhythmus Monotonie erzeugt, die ebenfalls die Konzentrationsfähigkeit schmälert.

- Wegschleudernde Handbewegungen haben eine äußerst negative Wirkung auf den Zuschauer. Diesen beschäftigt unterschwellig die Frage, warum der Sprecher überhaupt etwas sagt, wenn er selbst nichts von seinen Worten hält (er wirft Sie weg). Da dieses Fortschleudern in Richtung Teilnehmer geschieht, kann das Unmut auslösen. Weiterhin ist mit dieser gestischen Handbewegung verbunden, dass der Redner das Satzende tonlos ausklingen lässt und den Zuschauern Rätsel aufgibt. Ein mühsames Unterfangen für beide Seiten.

- Schulmeisterhaft überlagert der Zeigefinger den Wortbeitrag und bannt die Blicke der Zuschauer. Das wirkt ablenkend und behindert die geistige Aufnahme. Hinzu kommt ein Tonfall, in dem beständig mitschwingt: es ist sehr wichtig, passen Sie gut auf ..., der durchaus Aggressionen erzeugen kann, weil der Sprecher Druck auf die Zuschauer ausübt.

Zweiter Schritt: Die Auswahl neuer Gesten

Da wir uns meistens in berufsspezifischen Fachthemen bewegen, genügt es, markante und immer wiederkehrende Details eines Vortrags für die gestische Darstellung auszuwählen.

Zunächst einmal überlegen Sie, welche Begriffe oder Zusammenhänge sich als *abstraktes* Bild mit den Händen »zeichnen« lassen. An dieser Stelle weise ich noch einmal darauf hin, dass Selbstverständlichkeiten sich nicht dazu eignen, gestisch untermalt zu werden, weil die Zuschauer sich damit unterschätzt fühlen. Ein Beispiel für die negative Auswahl zur Darstellung der Aussage: »Der Ball ist rund und fliegt geradewegs auf das Tor zu« ist, wenn Sie die Figur »Ball« mit gerundeten Händen nachzeichnen.

Wählen Sie besser den zweiten Teil des Satzes: »und fliegt geradewegs auf das Tor zu«. Gestisch wird hier »die Flugbahn« gezeigt. Von der Körpermitte aus fahren Sie einen Arm in Schulterhöhe zur Seite hin aus. Dabei halten Sie die Hand gestreckt, die Finger sind geschlossen und Ihr Blick folgt der Bewegung.

Dritter Schritt: Lernen und üben

Haben Sie eine Geste ausgewählt, sollten Sie sie anschließend vor einem Spiegel einüben und dabei den Sachverhalt laut mitsprechen.

Beginnen Sie einige Sätze *vor* dem geplanten gestischen Einsatz, um ihn in den natürlichen Redefluss einzubauen, denn eine Geste erfolgt Bruchteile vor dem gesprochenen Wort. Sie speichern nicht nur ein falsches Timing ab, wenn Sie *mit* dem zu untermalenden Ausdruck beziehungsweise Sachverhalt direkt ansetzen, sondern verletzten die Grundregel: »Alles, was vorhersehbar ist, ist banal und damit überflüssig!«

Zur sicheren Überprüfung hat es sich bewährt, diese Sequenzen mit der Videokamera aufzunehmen und sich dabei »von außen« anzuschauen.

»Steht« Ihre gestische Darbietung punktgenau, so macht es die Häufigkeit der Wiederholungen, dass sie Ihnen zur Selbstverständlichkeit wird. Auf diese Weise können Sie sich im Laufe der Zeit ein Repertoire aneignen, auf das Sie zuverlässig zurückgreifen können. Ein weiterer guter Effekt ist, dass Sie durch verschiedenartige und bewusste Handbewegungen Ihre gestische Grundsprache positiv umgestalten und erweitern.

Ein weiterer Aspekt, den es zu berücksichtigen gilt, ist Ihre körperliche Präsenz. Wenn Sie im Stehen reden, haben Sie natürlich einen größeren Bewegungsfreiraum für die Gestik. Diese Gesten sind für die einschränkende Sitzposition nicht geeignet, weil Sie weder Platz zu den Seiten noch nach vorn oder nach unten haben. Außerdem kommt es im Sitzen darauf an, Ihr Gesichtsfeld nicht zu verdecken. Eine vor den Mund gehaltene Hand vermindert nicht nur die Lautstärke, sondern erweckt den Eindruck, Sie wollten eine mimische Regung verbergen. Vergessen Sie nicht, Gesten sollen den Wortbeitrag anreichern und wesentlich zum Verständnis beitragen.

Tipp für Fortgeschrittene: Ein Weg, neue gestische Elemente auszuprobieren und aufzunehmen, ist die Eigen- oder Fremdbeobachtung. Lassen Sie von einer visuell ausgerichteten Person Ihren nächsten Vortrag, Ihre Rede oder Präsentation speziell im Hinblick auf die gestische Wirkung beurteilen. Ist das nicht möglich, helfen Sie sich selbst, indem Sie sich mit der Videokamera aufnehmen.

Darstellung des Zeigens und Aufzählens

Grundsätzlich gilt: Sie sollten dem Zeigefinger-Syndrom unbedingt entgegen-
wirken und *alle* Finger formieren! Mithilfe der folgenden Gesten können Sie
etwas anzeigen oder Aufzählung demonstrieren, ohne die Zuschauer mit Ihrem Zeigefinger zu bedrohen.

Auf jemanden zeigen

Die folgende Geste eignet sich für den Stand und im Sitzen. Im Sitzen arbeiten
Sie ohne Basishand.
   Die Basishand bleibt in Taillenhöhe. Die Handinnenfläche der weisenden
Hand zeigt nach oben – in die Richtung der anzusprechenden Person. Ihr Kopf
und Ihr Blick folgen dieser Geste.

Die Finger der weisenden Hand sind entspannt, damit der Geste alle Schärfe genommen wird.

Pointiert zeigen

Das pointierte Zeigen können Sie im Stand und im Sitzen durchführen. Zeigefinger und Daumen einer Hand kommen an den Fingerkuppen zusammen – Sie bündeln sie in einem Punkt.

Um dieser Geste Nachdruck zu verleihen, tippen Sie die so formierten Finger auf die Innenfläche der gestreckten Hand (Basishand). Halten Sie die Arme dabei nah am Körper.

Damit sich die zwei formierten Finger deutlich abheben, spreizen Sie die übrigen Finger dieser Hand ab (ganz so, als würden Sie eine filigrane Tasse zum Mund führen). Die Fläche der Basishand, auf die gezeigt wird, vergrößert optisch der gestreckte Daumen. Damit dieser »Untergrund« auch tragfähig wirkt, bleibt die Basishand gestreckt, doch ohne Anstrengung. Ihrer Mimik wäre der Kraftaufwand anzusehen, und pointiert etwas zu zeigen bedeutet auf Kleines und damit Leichtes hinzuweisen.

Links:
Die Mimik geht wie von selbst übereinstimmend mit.

Auf den Punkt gebracht (emotional)

Diese Geste eignet sich ebenfalls für den Stand und im Sitzen. Machen Sie eine Faust, wobei der Daumen nach oben zeigt. Klopfen Sie einige Mal andeutungsweise auf die Unterlage, im Stand ist es Ihre gestreckte Basishand, die sichtbar nach unten geneigt ist. Beachten Sie, dass die gestreckte Fingerformation sonst wie eine Schneide auf das Publikum zeigt.

Auf den Punkt gebracht (sachlich)

Diese Geste können Sie im Stand und im Sitzen anwenden. Die Finger einer Hand kommen an den Fingerkuppen zusammen. Sie bündeln sie sozusagen in einem Punkt. Die gestreckte Basishand dient als Unterlage. Um dieser Geste mehr Nachdruck zu verleihen, tippen Sie die so formierten Finger einige Male auf die abgeneigte Innenfläche.

Links:
Die Mimik unterstützt die »Kraftanstrengung« der Faust und steuert den Wirkungsgrad der Aussage.

Rechts:
Neigen Sie die Handinnenfläche sichtbar zum Publikum hin.

»Stopp! Vorsicht!«

Diese Geste ist im Stand und im Sitzen möglich. Sie halten beide Hände in Schulterhöhe vor sich, die Innenflächen zeigen nach außen, und die Daumen sind abgespreizt. Dabei bewegen Sie *gleichzeitig* die angewinkelten Arme einmal vor und zurück.

Achten Sie darauf, dass sich Ihre Hände auf einer Höhe befinden und die Daumen abgespreizt sind, sonst schmälern Sie den Appellcharakter dieser Geste.

Bei jeder Geste sind auch die Haltung des Körpers sowie der mimische Ausdruck von Bedeutung und setzen unterschiedliche Akzente. Neigen Sie bei dieser (ernst gemeinten) Aufforderung den Kopf nur ein wenig zur Seite, verändert sich das Bild und Sie stellen eine Person dar, die eine Erwartung äußert und sich gleichzeitig für ihr Tun entschuldigt. Damit nehmen Sie sich den Erfolg des gestisches Einwandes. Auch geschürzte Lippen oder ein angedeutetes Lächeln stehen im Widerspruch zu der beabsichtigten Wirkung.

Aufzählen

Diese Geste eignet sich für den Stand und im Sitzen. Die Finger der rechten Hand sind gestreckt, Zeige- und Mittelfinger halten Sie zusammen. Die Finger der linken Hand zeigen nun einzeln auf und Sie tippen mit der rechten Hand in der Zwei-Finger Formation die jeweilige Reihenfolge an.

Diese Geste braucht Zeit, um wirkungsvoll zu sein. Lassen Sie daher jeweils die aufgezeigte »Zahl« einen Moment lang stehen, bevor Sie fortfahren.

Eins ...

Zwei ...

Auf sich zeigen

Diese Geste können Sie sowohl im Stand als auch im Sitzen anwenden. Legen Sie sich die gestreckte Hand auf die Brust, so betonen Sie Ihre ganze Person. Beispielsweise drücken Sie damit die Bedeutung des sprachlichen Ausdrucks: »Im Brustton der Überzeugung ...« aus.

In *abgeschwächter* Form, die Distanz zu sich selbst ausdrückt, berühren nur die Fingerkuppen den Körper. Akzentuieren Sie diese Geste mit abgespreiztem Daumen. Obwohl Sie mit der Aussage: »Meines Erachtens ist das angemessen«, Ihren Standpunkt kundtun, deuten Sie mit der abgeschwächten Form dieser Geste an, dass Sie auch die Meinung anderer zulassen.

Diese abgeschwächte Form wirkt weniger stark emotional.

Räumliche Maßeinheiten und Prozesse darstellen

Grundsätzlich gilt: Räumliches ist etwas Festes und Abgegrenztes. Es wird daher stets mit *geschlossenen* Fingern gezeigt. Einen Prozess stellen wir als eine sich fortsetzende durchgängige Linie dar. Auch sie ist fest umrissen und wird mit *geschlossenen* Fingern gezeichnet.

Länge oder Strecke anzeigen

Diese Geste eignet sich für den Stand und im Sitzen. Die Bewegung führen Sie horizontal in Brusthöhe aus. Die gestreckte Basishand kommt vor den Körper und bildet den Anfangspunkt. Mit der senkrecht gehaltenen Hand gehen Sie von der Basishand aus bis außerhalb Ihrer Körperfront. Der Begrenzungspunkt der Strecke beziehungsweise Länge wird durch das abgeknickte Handgelenk markiert.

Anmerkung: Lassen Sie sich Zeit und schauen selbst dieser Bewegung zu, damit lenken Sie gleichzeitig die Blicke der Zuschauer auf diese Geste und erhöhen die Aufmerksamkeit.

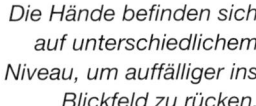

Die Hände befinden sich auf unterschiedlichem Niveau, um auffälliger ins Blickfeld zu rücken.

Höhe darstellen

Diese Geste können Sie im Stand, aber auch im Sitzen anwenden. Die Handinnenfläche dient als Basis. Sie halten die Basishand in Taillenhöhe im Abstand vor dem Körper, während Sie die rechte Hand als Begrenzung sichtlich anheben. Der Handrücken zeigt nach oben, unterstützt die Bedeutung »Begrenzung« (s. Abbildung links).

Alternativ zur Basishand können Sie den Fußboden als den einen Bezugspunkt wählen, mit der anderen Hand den oberen Abschluss. Diese Alternative sollten Sie aber nur wählen, wenn Sie sehr große Höhen anzeigen möchten (s. Abbildung rechts).

Wenn Sie sich die Höhe »plastisch« vorstellen, erhält die Geste Intensität und Wirkung.

Alternativ den Fußboden als Basis nehmen. Heben sie den Arm nur bis knapp auf Schulterhöhe, sonst verspannen Sie sich. In der Sitzposition entfällt die Basishand.

Breite aufzeigen

Diese Geste eignet sich für den Stand und lässt sich im freien Sitzen einge-schränkt einsetzen. Wollen Sie die Breite betonen, so strecken Sie die Arme seit-lich aus in Schulterhöhe. Die geschlossene Fingerformation knickt nach vorn ab und demonstriert die Begrenzung.

Die Arme befinden sich auf gleicher Höhe! Das Weiten des Brust-korbs bringt Ihnen zudem neue Energie.

Volumen signalisieren

Im Stand lässt sich diese Geste sehr gut einsetzen, im Sitzen nur eingeschränkt. Mit ein wenig gerundeten Händen, deren Handrücken nach oben zeigt, be-schreiben Sie ab Schulterhöhe einen flachen Bogen zur Mitte hin. Die Hände senken sich dabei leicht ab, um das Gesichtsfeld nicht zu verdecken. Wenn Sie die Daumen zusätzlich abspreizen, erhält die Formation mehr »Volumen« und damit Glaubwürdigkeit. In der *Sitzposition* (frei im Raum oder am Tisch) wird diese Geste insgesamt enger vor dem Körper geführt. Sie setzen mit dem Bogen in Bauchhöhe an, um keinesfalls das Gesicht »unsichtbar« werden zu lassen.

Ein Beispiel für echte innere Beteiligung ist der natürlich gerundete Mund.

Zunahme vor Augen führen

Eine Zunahme ist ein Prozess, und Sie müssen einen Verlauf darstellen mit einem Anfangspunkt und einem (vorläufigen) Endpunkt. Dass dieser vielleicht sogar ins »Unendliche« geht, bewirkt ein kurzer Wink aus dem Handgelenk. Der Wirkung wegen bleibt die Hand im Höhepunkt der Geste einige Sekunden stehen. Sie können dabei eine kontinuierliche, aber auch eine rasante Zunahme darstellen.

Die *kontinuierliche Zunahme*, mit Gesten dargestellt, wirkt nur im Stand. Die gestreckte Basishand ist der Ausgangspunkt. Die Innenfläche zeigt nach oben, und der Arm ist leicht angewinkelt. Sie legen die andere Hand mit der Außenfläche auf die Basishand und beschreiben nun ungefähr eine 45-Grad Steigung (Abbildung 1 oben links und Abbildung 2 oben rechts). Am Ende bleibt die Hand für einige Sekunden stehen (Abbildung 3 unten).

Halten Sie Blickkontakt mit der ruhig und stetig steigenden Hand. So lenken und fesseln Sie die Aufmerksamkeit der Zuschauer bis zum Schluss.

Mit der angedeuteten Schräglage des Oberkörpers unterstützen Sie den beginnenden kontinuierlichen Verlauf.

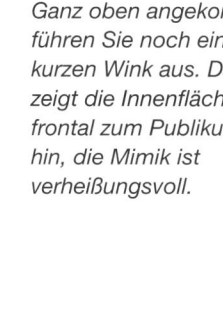

Ganz oben angekommen, führen Sie noch einen kurzen Wink aus. Dabei zeigt die Innenfläche frontal zum Publikum hin, die Mimik ist verheißungsvoll.

Die *rasante Zunahme* können Sie vorführen, indem Sie die gestreckte Basishand als Ausgangspunkt nehmen – die Innenfläche zeigt nach oben und der Arm ist leicht angewinkelt. Die andere Hand legen Sie mit der Außenfläche auf die Basishand. In einem hohen Bewegungstempo (rasant) geht diese Hand nach oben, und zwar seitlich bis außerhalb der Körperfront. So bleibt Ihr Gesichtsfeld frei.

Die rasante Zunahme lässt sich plastisch noch deutlicher ins Bild rücken und zusätzlich akustisch bereichern. Hierbei stehen Sie mehr seitwärts (das hebt Ihre Geste vom Hintergrund des Oberkörpers ab). Auf die gestreckte Basishand klatschen Sie nun die Rückseite Ihrer aktiven Hand und schnellen in hohem Tempo steil nach oben. Für Sekunden bleibt diese Geste stehen und Sie schauen währenddessen ins Publikum.

Anmerkung: Der Kopf ist dabei gegen die Körperrichtung gedreht. Damit er keinen Verspannungsschmerz verursacht, der sich in der Mimik widerspiegelt, halten Sie die Geste maximal für zwei Sekunden.

Die Atemlosigkeit der Wortbedeutung »rasant« ist ebenfalls aus der Mimik abzulesen.

Den Aha-Effekt erreichen Sie mit dem Laut des Aufklatschens. Trotz der leicht seitlichen Körperstellung, bleibt der Kopf frontal zum Publikum hin ausgerichtet.

Formen, Metaphern und Gegenstände gestisch beschreiben

Die Vielfalt der Darstellungsmöglichkeiten erfordert eine bewusste Koordination und »Feinfühligkeit«. Komplexe Gesten mit den Händen zu zeichnen ersetzt oftmals langwierige Erklärungen oder vereinfacht komplizierte Vorgänge, indem sie anschaulich werden, denn Bilder plus Worte verarbeitet das Gehirn schneller.

Eine Spirale, die sich nach unten bewegt, demonstrieren

Diese Geste wirkt nur im Stand, denn sie braucht Raum nach unten. Die komplette Spiralfigur wird mit dem ganzen Körper vollzogen, die Anleitung teilt sich in drei Phasen auf.

- **Phase 1:** Sie strecken einen Arm seitwärts im 45-Grad-Winkel nach unten. Die gestreckte Hand beschreibt nun *aus dem Handgelenk heraus* eine ausladende Kreisbewegung. Halten Sie den Arm unbedingt gestreckt und lassen Sie ihn nicht in Bewegung kommen, denn sonst sieht das aus wie ein Trudeln, und die Stringenz der Geste geht verloren.
- **Phase 2:** Nahtlos schraubt sich die gestreckte Hand weiter nach unten in zwei kleiner werdende Kreise. Dabei geben Sie in den Knien leicht nach, um mit dem Oberkörper der Bewegung nach unten zu folgen.
- **Phase 3:** In der Schlussposition bleibt die Hand im gestreckten Zustand kurz »stehen«, die Innenfläche zeigt zum Publikum.

Tipp: Machen Sie einmal die Gegenprobe und halten Sie die Kreise ziehende Hand locker. Sie werden schnell spüren, dass die Kraft fehlt, die Geste »schwammig« wird und an Wirkung verliert.

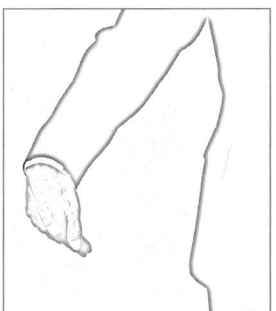 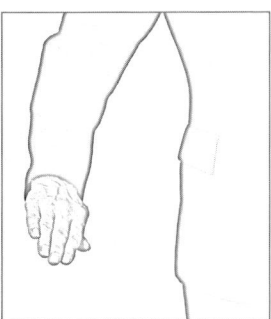 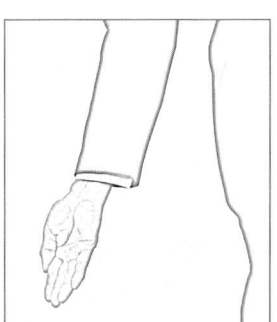

Links:
Phase 1: Die Hand ist gestreckt und die weit angelegte Drehung findet nur aus dem Gelenk heraus statt.

Mitte:
Phase 2: Der Oberkörper ist dabei nur ein wenig zu Seite geneigt.

Rechts:
Phase 3: Am Endpunkt zeigt die innenfläche der Hand zum Publikum. Die Knie sind leicht gebeugt.

»Lassen Sie uns den Gedanken weiterspinnen ...«

Diese Aussage können Sie mit Gesten sowohl im Stand als auch eingeschränkt im Sitzen unterstützen. In der Sitzposition fehlt meist der seitliche Platz.

Ihre Basishand (Innenfläche zeigt nach oben) ist der Ausgangspunkt. Sie halten sie vor sich in Brusthöhe. Die Finger der anderen Hand sind an den Kuppen zusammengeführt und berühren leicht die Basishand. In langgezogenen ruhigen Drehungen ziehen Sie diese Hand nach rechts hinaus, bis Ihr Arm vollkommen gestreckt ist. Am Ende fächern Sie die Finger auf und lösen damit die Geste.

Auf gleichbleibender Höhe ziehen Sie die aktive Hand im weiteren Verlauf nach außen. Die Basishand bleibt stehen. Nach dem Auffächern bleibt die Hand kurz stehen – das gibt den Zuschauenden Zeit zum Denken.

Diese Aussage und Ihre Geste führen in ein ruhiges Tempo, denn nachdem Sie die Hand aufgefächert und damit aufgelöst haben, entsteht auch verbal eine Pause. Die Zuschauer haben Sie damit neugierig auf Ihre weiteren Ausführungen gemacht und diese haben das Gefühl, unmittelbar beteiligt zu sein. Diese Geste eignet sich also sehr gut, um entweder einen »trockenen« Vortrag zu beleben, oder bei kontroversen Themen Einigkeit beziehungsweise Gemeinsamkeit wiederherzustellen.

»Das hält sich die Waage«

Diese Geste eignet sich für den Stand und im Sitzen. Die Anleitung teilt sich in zwei Phasen auf.

● **Phase 1:** In Brusthöhe halten Sie beide Arme vor den Körper. Sie sind im Ellenbogen nach außen abgewinkelt. Die Hände werden entspannt gestreckt, die Handinnenflächen zeigen nach oben. Nun »fahren« Sie die Arme nach vorne hin aus. Diese kurze und akzentuierte Bewegung erregt Aufmerksamkeit und vermittelt Stabilität. Im Wechsel imitieren Sie die Waagschalen, die konzentriert einige Male ab und auf pendeln.

Tipp: Je kürzer die Pendelbewegungen, desto eindeutiger fällt die Geste aus. Denn holen Sie weit aus, wirken die Bewegungen schwerfällig und zeigen eher den **Prozess des Sich-Angleichens.**

● **Phase 2:** Mit dem Ausklang Ihrer Worte befinden sich die Hände wieder in der Ausgangsposition, wo Sie wenige Sekunden verharren. So kann die Geste »nachwirken«.

Links:
Phase 1: Arbeiten Sie aus dem Ellenbogen heruas, das sichert kurze Pendelbewegungen.

Rechts:
Phase 2: Am Ende der Geste stehen beide Hände auf einem Niveau.

Einen Vergleich ausdrücken

Diese Geste können Sie im Stand und im Sitzen durchführen. In Brusthöhe halten Sie beide Arme, die im Ellenbogen nach außen gestellt sind, vor den Körper. Kalkulieren Sie so viel Abstand zum Körper ein, dass die Hände frei schwingen können. Die Handinnenflächen zeigen nach oben. Im Wechsel heben Sie *einmal* die rechte Hand hoch (geht sprachlich zusammen mit dem ersten Vergleichspunkt), lassen die Hand kurz stehen und senken dann die andere Hand beim zweiten Vergleichspunkt nach unten ab. Diese Formation bleibt für ein bis zwei Sekunden stehen.

Das wechselnde Anheben kann nach oben bis maximal auf Schulterhöhe ausgeführt werden, je nachdem wie beweglich Sie sind. Die Bewegung nach unten ist kürzer, maximal bis auf Taillenhöhe.

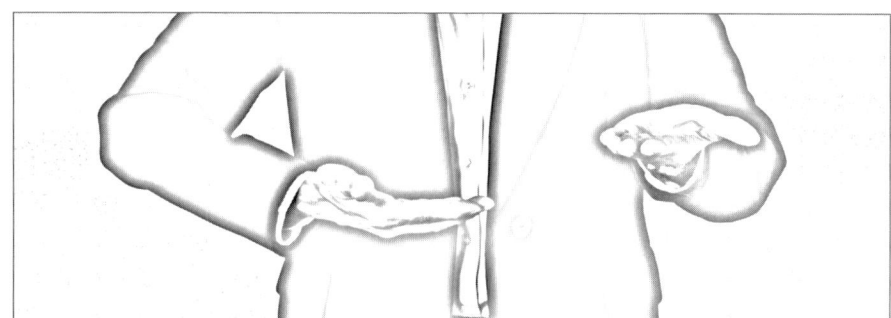

Die zwei Seiten einer Medaille oder Münze demonstrieren

Diese Geste eignet sich für den Stand und im Sitzen. Die gestreckte Basishand (die Innenfläche zeigt nach oben) kommt nach vorn vor den Körper und bleibt stehen: Sie ist die eine Seite der Medaille. Mit der anderen Hand beschreiben Sie *von der Körpermitte* aus einen kleinen Bogen nach vorn: Sie stellt die andere Seite der Medaille dar. Am Ende des Bogens sind beide Hände auf *dem gleichen Niveau*, und die Handinnenflächen sind sichtbar: Damit führen Sie die Münze beziehungsweise Medaille zu einer Einheit zusammen.

 Tipp: Spreizen Sie die Daumen ab, dann vergrößern Sie den Handteller und nähern ihn der Form einer Münze oder Medaille noch besser an.

Vereinfacht machen Sie diese Geste mit nur einer Hand, indem Sie diese hin- und herdrehen. Diese Bewegung sollte aber akzentuiert und langsam durchgeführt werden. Wenn Sie etwas *negativ Abwägen*, dann ändert sich die Bedeutung, indem Sie die Bewegung schneller ausführen.

Varianten aufzeigen

Diese Geste können Sie im Stand und im Sitzen ausführen. Die Geste hat zwei unterschiedliche Bedeutungen.

- Um **Varianten** auszudrücken, strecken Sie die Anzahl (im Abbildungsbeispiel drei Varianten) der Finger auf einmal hoch. Die *Innenfläche* der Hand zeigt nach außen. Zusätzlich machen sie eine Drehbewegung aus dem Handgelenk, das symbolisiert die Variation an Möglichkeiten.
- Die **Anzahl** zeigen Sie ebenfalls mit drei erhobenen Fingern, wobei der *Handrücken* nach vorne zeigt. Dieser symbolisiert etwas Festes, Unumstößliches.

Tipp: Achten Sie unbedingt darauf, dass die Finger gestreckt und nicht gebeugt sind. Soll die Aussage eher emotional wirken (für Sie selbst und die Zuschauer), steigern Sie diese durch kräftiges Strecken.

Links:
Diese nach vorn ausgerichtete Geste wird eng am Körper geführt. Die Arme kommen auf Taillenhöhe zu stehen.

Rechts:
Die Hand befindet sich in Schulterhöhe.

Widerstand signalisieren

Diese Geste kann sowohl im Stand als auch im Sitzen angewandt werden. Die Basishand halten Sie mit angewinkeltem Ellenbogen zur Mitte des Körpers hin. Sie ist vollkommen gestrafft, der Daumen weit abgespreizt, die Handinnenfläche zeigt nach oben. Wie eine Schneide fährt nun die andere Hand mittig *von oben auf* die linke.

 Tipp: Um die Wirkung zu steigern, wippen Sie das »gestische Gebilde« leicht auf und ab oder bewegen es seitlich bis über die Körperfront.

Enormen Widerstand ausdrücken

Links:
Ihre Augen spiegeln die Schärfe dieser Geste wider.

Rechts:
Die Qualität dieser Geste liegt in der Ruhe und Kraft, die sie ausstrahlt. Die Intensität des Blicks steigern Sie ja nach beabsichtiger Wirkung.

Diese Geste können Sie im Stand und im Sitzen ausführen. In der Sitzposition brauchen Sie allerdings seitlich Platz. Um den Widerstand deutlich zu signalisieren, ballen Sie beide Hände zur Faust und pressen sie in Brustkorbhöhe aneinander.

 Tipp: Wollen Sie mit Ihren Ausführungen zur Aktion animieren, wippen Sie das gestische Gebilde einige Male, damit Bewegung angezeigt wird.

Den Begriff »dezentral« gestisch zeigen

Diese Geste eignet sich im Stand und im Sitzen. In der Sitzposition achten Sie darauf, dass Sie genügend Abstand zum Tisch halten.

Sie legen die Finger beider Hände eng zusammen, der Daumen ist leicht abgespreizt. Gleichzeitig tippen die Fingerspitzen auf eine Stelle oberhalb Ihres Nabels: Hier ist der zentrale Ausgangspunkt. Von dort aus gehen die Hände im Bogen bis zu den Seiten hin auseinander. Am Ende dieser Geste zeigen die Handinnenflächen nach oben. Diese Bewegung geschieht fließend und leicht.

Anmerkung: Die abgespreizten Daumen haben eine Art Führungs- und Richtungsfunktion und akzentuieren die Geste.

Dem gestisch dargestellten Begriff liegt auch eine emotionale Qualität zugrunde. Etwas zu dezentralisieren bedeutet auf der Gefühlsebene, dass eine Einheit auseinander dividiert wird, was die Zuhörenden beunruhigen kann. Andererseits kann dezentralisieren auch eine willkommene Aufgabenteilung sein, die freudige Erwartung weckt. Wichtig in beiden Fällen ist, dass diese Geste mit sichtbarer Leichtigkeit ausgeführt wird, um sowohl positive Gefühle zu verstärken als auch negativen Auswirkungen entgegenzuwirken.

Halten Sie beide Hände auf einer Höhe, die Daumen sind abgespreizt.

Weltweit/global veranschaulichen

Diese Geste eignet sich im Stand und im freien Sitzen. Sie wird mit beiden Händen gleichzeitig und auf Bauchhöhe ausgeführt. Die Finger sind geschlossen und leicht gebogen (in Anlehnung an eine Kugel), die Daumen abgespreizt. In einer ruhigen Bewegung kreisen die Hände einige Male umeinander.

Anmerkung: Das Abspreizen der Daumen hat zwei entscheidende Funktionen: Einerseits vergrößert es sichtbar den Handteller (eine Weltkugel ist groß), andererseits wird verhindert, dass die kreisende Bewegung ausufert oder zu schnell wird

Links: Halten Sie die Finger geschlossen, da eine Weltkugel etwas Festes ist. Den großen Umfang der »Welt« demonstriert die Mimik mit weit geöffneten Augen.

Rechts: Die Mimik ist ein starker Moment und fordert echte Überzeugung. Die Körperhaltung ist gestrafft, der linke Arm hängt locker an der Seite.

Eins-a-Qualität zum Ausdruck bringen

Diese Geste können Sie im Stand und im Sitzen durchführen. Sie ballen eine Hand zur Faust, der Daumen ist abgespreizt. Diese Hand halten Sie in einigem Abstand auf Höhe des Bauchnabels vor den Körper. Mit einer schnellen und ruckartigen Bewegung kommen Sie fast bis auf Schulterhöhe hoch und lassen die Hand nun ein wenig nach unten absacken, und zwar so, als würden Sie einen Schlusspunkt setzen. Achten Sie unbedingt darauf, diese Geste insgesamt nicht zu hoch anzusetzen, weil die hochschnellende Hand sonst Ihre untere Gesichtspartie verdeckt.

Einen durchlässigen Informationsfluss demonstrieren

Diese Geste eignet sich im Stand und im Sitzen. Sie drückt etwas Fließendes aus und braucht daher eine leichte Bewegung. Die Basishand wird in Taillenhöhe entspannt in der Waagerechten gehalten. Die Finger der aktiven Hand sind weit geöffnet und leicht gebeugt. In Brusthöhe beschreiben Sie nun einen Viertelbogen nach vorn – das deutet den Fluss an.

Tipp: Obwohl die Basishand entspannt ist, sind die Finger noch gestreckt, allerdings ohne Kraftaufwand. Behalten Sie unbedingt die Streckung bei, weil die Hand sonst »zusammenklappt« und im Zentrum eine tiefe Kuhle bildet, ganz so, als wollten Sie um eine milde Gabe bitten.

Die aktive Hand agiert weit vor der Körperfront. Der Oberkörper ist bei der Bogenbewegung mit einbezogen und neigt sich vor. Die Finger der Basishand sind leicht geöffnet.

Durch das Tempo, mit dem Sie die geöffnete Hand führen, können Sie die Bedeutung des Informationsflusses noch variieren. Mit einem zügigen Durchziehen der geöffneten Hand weisen Sie auf eine zeitlich strukturell unmittelbare Weitergabe von Informationen hin.

Schrittweises Vorgehen beschreiben

Diese Geste lässt sich im Stand und im Sitzen durchführen. In der Sitzposition müssen Sie lediglich darauf achten, dass Sie genügend Abstand zum Tisch halten, damit Sie frei agieren können. Die Basishand ist bei dieser Geste kraftvoll gestreckt, Sie halten sie in Bauchnabelhöhe als »festen Grund«. Die schrittweise Bewegung erzeugen Sie mit der anderen Hand. Der Handrücken zeigt nach außen, die Finger sind gestreckt, und der Daumen ist abgespreizt. Von der Basishand aus bewegen Sie – entweder frontal nach vorn oder leicht seitlich – diese Hand in drei bis vier Etappen vom Körper weg.

    Anmerkung: Die gesamte Körperhaltung sollte gestrafft sein, und Ihr Blick folgt den einzelnen Schritten dieser Geste.

Links:
Nicht nur die Hände sind exakt formiert, auch die Körperhaltung unterstreicht die Festigkeit der »einzelnen Schritte«.

Rechts:
Die Mimik wirkt unterstützend durch die geschlossenen Lippen. Sie lassen keine Alternative zu.

»Das liegt doch auf der Hand!«

Diese Geste eignet sich im Stand und im Sitzen. Sie braucht Dynamik. Die Basishand hat geschlossene Finger und ist im Handteller leicht abgeknickt (um der Geste alle Schärfe zu nehmen). Die Finger der aktiven Hand halten sie an den Fingerkuppen zusammen. Nun tippen Sie einmal schnell und kurz auf die Basishand. Effektvoll ist es, wenn die Hand dabei allein durch den Schwung hochschnellt.

Das eine und das andere hervorheben

Diese Geste wirkt nur im Stand. Die Geste machen Sie auf halber Höhe zwischen Brust und Bauchnabel. Die Hände formieren sich als umfassten sie eine größere Einheit, und zwar in Form eines Balles. Diese Formation zeigen Sie mit gleichzeitiger Drehung des Oberkörpers im Wechsel von links nach rechts. Dabei gehen Sie seitlich über die Körperfront hinaus. Halten Sie die Geste jeweils für eine Sekunde.

Anmerkung: Mit einer längeren Verweildauer bekommt die Geste die *Bedeutung des Infragestellens.*

Tipp: Begleitet die Geste eine *sachliche* Aussage, befinden sich die zeigenden Hände auf einem Niveau, Kopf und Körper sind nur wenig geneigt. *Emotionalität* zeigen Sie durch eine unterschiedlich hohe Handhaltung sowie durch eine starke Neigung des Kopfes und des Körpers.

... das eine – Drehung nach rechts:.
Die Seitwärtsbewegung vollzieht der ganze
Körper mit. Die Füße bleiben dabei am Boden
und drehen auf der Stelle.

... das andere – Drehung nach links.
Die Körperdrehung soll ruhig vollzogen werden,
um den Zuhörern Gelegenheit zum Abwägen
zu geben. Die Neigung des Körpers gestalten
Sie entsprechend Ihrem »Temperament«.

Grundpfeiler gestisch darstellen

Diese Geste eignet sich im Stand und im Sitzen. Sie beginnen gleichzeitig mit beiden Händen in Brusthöhe. Als umspannte jede Hand ein Rohr, krümmen Sie die Finger und machen eine einzige kraftvolle Bewegung nach unten bis auf Taillenhöhe. Zur Unterstreichung des »Fundierten« nicken Sie dazu einmal mit dem Kopf. Im Zusammenspiel mit dieser kraftvollen Geste wird auch Ihre Tonlage tiefer (bodenständig) werden, was die Glaubwürdigkeit der Aussage noch erhöht. Es versteht sich daher von selbst, dass eine Person mit einer relativ hohen oder »dünnen« Stimme diese Geste auslassen sollte. Schnellsprecher hingegen können sie gezielt einbauen, um wieder Ruhe in den Vortrag zu bringen.

Anmerkung: Da ein Pfeiler etwas Festes ist, müssen die Finger geschlossen sein, und man soll Ihnen ruhig bei dieser Geste eine gewisse Kraftanstrengung ansehen. Achten Sie aber darauf, dass der Kopf in der Mitte zwischen den erhobenen Händen ist – ansonsten gerät das »Gefüge« ins Wanken.

Achten Sie unbedingt darauf, dass sich die Hände (und Schultern) auf der gleichen Höhe befinden, da sonst die Pfeiler ins Wanken geraten und auf diese Weise Ihre Aussage negieren. Die kerzengerade Haltung unterstützt das Bild eines Pfeilers.

Weichen stellen

Diese Geste können Sie sowohl im Stand als auch im Sitzen machen. Arm und Basishand sind gestreckt, und zwar mit leichter Spannung. Die zeigende Hand halten Sie vor den Körper in Brusthöhe. Die Finger sind leicht gebeugt und weisen eher nach oben. Das Beugen und die angedeutete Richtung verhindern das Bild einer senkrechten Schneide, die auf das Publikum gerichtet ist. Nun bewegen Sie die Hand jeweils nur einmal aus dem Gelenk heraus nach rechts und nach links: Sie stellen die Weichen.

Am Schluss lassen Sie diese Geste eine kurze Weile stehen und machen bewusst eine Sprechpause. Das Bedeutungsvolle des Inhaltes ist dann auch von Ihrem Gesicht abzulesen. Unmittelbar nach dieser Geste, die ja Aktion signalisiert, nutzen Sie die enstandene Energie, um betont kraftvoll weiterzusprechen.

Der geneigte Oberkörper signalisiert Aktion. Stellen Sie sich bei dieser Geste einen Schienenstrang vor.

Einwände zurückstellen

Diese Gesten eignen sich im Stand und im Sitzen. Die Abbildungen zeigen drei unterschiedliche Beispiele *nonverbalen* Ausdrucks, wie Sie Einwände zurückstellen können. Neben der Gestik werden auch ganz gezielt eine entsprechende Mimik und die Körperhaltung eingesetzt.

Bei allen diesen Gesten sind die Finger leicht geöffnet, die Hände werden entspannt gehalten. Die zum Publikum aufzeigenden Handinnenflächen »bitten um Entschuldigung«. Der Bewegungsradius geht von der Taillenhöhe bis maximal auf Kinnhöhe. Der Kopf ist geneigt, die Blickrichtung wird bestimmt von der inhaltlich beabsichtigten Wirkung.

»Jetzt keine Störung!«
Der abgewandte Blick
und die geschlossenen
Lippen sind weitere
Signale.

»Einen Moment bitte!«
Der Oberkörper ist leicht
nach hinten genommen,
um einem Angriffs-
gedanken entgegen zu
wirken. Die Basishand
gibt Unterstützung,
während die rechte
ein Signal der
Entschlossenheit ist.

Oben:
»Möchte ich nicht drauf eingehen!«
Die Handhaltung bedeutet ein
Stopp, der Blick hat warnenden
Charakter.

»Welche Fragen haben Sie noch?«

Diese Geste können Sie im Stand und im Sitzen ausüben. Beide Arme befinden sich Sie im 90-Grad Winkel, die Hände sind gestreckt aber ohne Spannung. Die Handinnenflächen zeigen nach oben. Von der Körpermitte aus gehen die Hände in einer fächernden Bewegung zur Seite, wobei der Neigungswinkel und das Niveau unverändert bleiben.

Anmerkung: Die Hände auf gleicher Höhe stehen zu lassen, kommt einer aktiven Einladung gleich. Senken Sie sie aber ab, nehmen Sie mit dieser Bewegung alle Energie aus den Armen – was wenig einladend wirkt und im Widerspruch zu Ihrer Aufforderung steht.

Tipp: Trotz der einladenden Geste, kann die Fragestellung einen Vortrag unbefriedigend beenden. Zum Beispiel wenn Sie sagen: »Haben Sie noch Fragen?« Mit dieser Rhetorik fordern Sie die Zuhörer auf zu überlegen, ob sie *überhaupt* noch eine Frage haben. Diese Frageform nennt man »geschlossen«, weil sie nur mit »ja« oder »nein« beantwortet werden kann. Sie gilt als rhetorischer Kniff, um einen Vortrag schnell zu beenden und eine Diskussion im Keim zu ersticken. Das echte Nachfragen: »Welche Fragen haben Sie noch?«, ist eine offene Frage, weil nun jeder überlegt, welcher Sachverhalt noch einer Klärung bedarf (und nicht, ob überhaupt noch etwas zu klären ist).

Um Theatralik zu vermeiden, halten Sie die Arme in diesem maximalen Abstand zum Körper. Ein Lächeln und die leicht schräge Kopfhaltung runden den freundlichen Charakter dieser Abschlussgeste ab.

Anwendung: Körpersprachliche Gestaltung eines Vortrags oder einer Präsentation

In die fachliche Vorbereitung investieren die Vortragenden meist den größten Teil ihres Aufwandes. Hervorragend gestaltete Unterlagen und gut durchdachte Rhetorik sollen hierbei Mängel im Auftreten »überspielen«. Dieses Defizit ist allerdings im Unterbewusstsein als solches abgespeichert und erzeugt eine innere Spannung, bei der sich der Redner »unbehaglich« fühlt. Sie kann sich bis hin zur offenkundigen Nervosität steigern. Solch ein Redner wird entweder genauestens auf die Reaktionen der Zuschauer achten, um sich immer wieder zu versichern, dass er die Inhalte doch gut vermittelt; ist dies allerdings nicht der Fall, steigert sich seine Unsicherheit. Eine andere Variante wäre den Blickkontakt gänzlich zu vermeiden, um negative Auswirkungen gar nicht erst zur Kenntnis zu nehmen – nach dem Motto: Augen zu und durch! Beide Verhaltensweisen führen sicher nicht zum erwünschten Erfolg.

Eine interessante Performance abzuliefern und die innere Beteiligung des Publikums zu erreichen fördern das Kommunikationsziel, nämlich wirklich verstanden zu werden und zum Handeln anzuregen. Das setzt voraus, dass Sie bereits im Vorfeld den Einsatz von Körpersprache mit allen Facetten konzipieren, zumindest so lange, bis Ihnen das Neue »in Fleisch und Blut« übergegangen ist.

Dieses Kapitel gibt Ihnen einen Leitfaden an die Hand, der Ihnen Schritt für Schritt situativ Lösungsvorschläge aufzeigt, um unbelastet und sicher vortragen und präsentieren zu können. Folgende Themen werden behandelt:

- Der erste Kontakt.
- Die 5-Punkte-Blicktechnik.
- Gestik konzeptionieren.
- Rhythmus und Tempo.
- Bewegung im Stand.
- Bewegungsmuster.
- Vortragen am Rednerpult.
- Aufbau von Bewegungsdynamik am Rednerpult.

Der erste Kontakt

Noch bevor Sie die ersten Worte der Begrüßung gesprochen haben, schätzen Sie die Zuschauer nach Ihrer äußeren Erscheinung ein: die Wirkung Ihrer Körperstatur, den Kleidungsstil, mimische Signale wie sympathisches Lächeln (das weckt Vorfreude) oder aber eine ernste Miene (lässt einen trockenen Vortrag vermuten). Auch aus der Art und Weise, wie Sie in dieser kurzen Warteposition stehen, werden Schlüsse gezogen: Drückt die Haltung Selbstbewusstsein aus oder sind Anzeichen der Aufregung und inneren Anspannung erkennbar. Wenn es gelingt, die Anspannung als zusätzliches Konzentrationspotenzial bewusst zu nutzen, steigert das die körperliche Präsenz des Einstiegs. Im anderen Fall arbeiten Ihr Körper und Ihre Stimme die Hemmung ab, etwa indem Sie das Auditorium mit vorgeschobenem Oberkörper, begleitendem Kopfnicken und verschränkten Armen begrüßen. Diese Haltung wirkt steif und schafft Distanz. Sie werden Mühe haben, Ihre Zuschauer emotional zu erreichen.

Links:
Ein häufiges, beliebtes Negativbeispiel: Die Hände sind versteckt, die Verspannung durch die Arme soll als Halt gebendes »Korsett« dienen. Bewegung signalisiert ausschließlich der Oberkörper – mit schwerfälliger Wirkung.

Rechts:
Einladende und energetische Gestik: In den vom Körper losgelösten Armen liegt die Kraft der Bewegung. Die Hände sind konzentriert gespannt und unterstützen die Dynamik.

Selbst bei einem reinen Faktenvortrag wollen die Anwesenden mittels einer interessanten Körpersprache und Sprechtechnik animiert werden, dem Vortragsinhalt über einen gewissen Zeitraum gedanklich (leicht) zu folgen.

Tipp: Setzen Sie besser eine einladende und energetische Gestik ein. Diese Körpersprache bringt nicht nur Sie regelrecht »in Schwung«, sondern gleichermaßen Ihr Publikum.

Ob Sie lieber in einer ruhigen Grundhaltung beginnen oder einen energetischen Einstieg bevorzugen, hängt von Ihrem Temperament und der Thematik des Vortrags ab. Einem »Zahlen«-Vortrag wie im Controllingbereich stellen Sie eine vielleicht persönlich gefärbte Zahlenspielerei oder Anekdote als auflockernden Einstieg voraus. Die Produktpräsentation hingegen verträgt eine gestisch schwungvolle Einführung, mit der Sie die Anwesenden auf das Ereignis einstimmen.

Grundstellung der Variante Basishand

Die eng am Körper anliegenden Arme geben Ihnen gerade am Anfang Ihres Vortrags oder Ihrer Präsentation die gewünschte Standfestigkeit und minimieren die Aufregung. Diesen »Sicherheitskreis« schließen die Hände, da sich die Fingerkuppen berühren.

Mit beginnendem »Warmwerden«, variieren Sie die Grundstellung dieser Variante der Basishand und kippen die Formation auch einmal nach unten, wippen leicht oder geben ihr eine seitliche Richtung. Dabei achten Sie unbedingt darauf, diese »Fingerfront« nicht wie eine Schneide direkt auf das Publikum zu richten. Wenn Sie sich sicher fühlen, gehen Sie allmählich in »freie« Gestik über.

Tipp: Üben Sie diese Fingerhaltung, damit sie locker bleibt. Sie bekommen dafür ein Gefühl, wenn Sie öfters die Fingerkuppen aneinandertippen (und das kann man überall machen).

Nach der Anfangsphase bleiben Sie in Energie und schaffen gestische Übergänge, passend zu Ihren Worten. Werden Sie zunächst mit nur einer Hand aktiv; die andere bleibt noch in der Ausgangsposition stehen.

Während Sie nun in Ihre Gehmuster wechseln – und gestisch eine Pause machen – legen Sie die rechte Hand auf die gestreckte linke, in der Position der »ruhenden Basishand«.

*Links und rechts:
Die Grundstellung der
Variante Basishand
können Sie längere Zeit
beibehalten, da diese
Formation bereits
beweglich und durch-
lässig wirkt.*

*Auflösung der Variante
Basishand: Die Haltung
der rechten Hand zeigt
die beginnende Aktivität.*

Die 5-Punkte-Blicktechnik

Alle Anwesenden wollen von Ihnen wahrgenommen werden, das bedeutet: Sie wollen angesehen werden. Bei einem größeren Auditorium ist das jedoch unmöglich. Um dem Anspruch der Zuschauer dennoch gerecht zu werden, wurde eine »Blicktechnik« entwickelt, bei der lediglich fünf Personen ins Visier genommen werden und gleichzeitig alle anderen den Eindruck erhalten, dass Sie sie direkt ansprechen. Dieser methodisch verteilte Blickkontakt ins Publikum bedarf einiger Übung, damit Sie das so genannte »Scannen« (schnell über die Köpfe hinweghuschen) vermeiden.

Nur fünf Personen im direkten Blickkontakt – und alle fühlen sich angesehen.

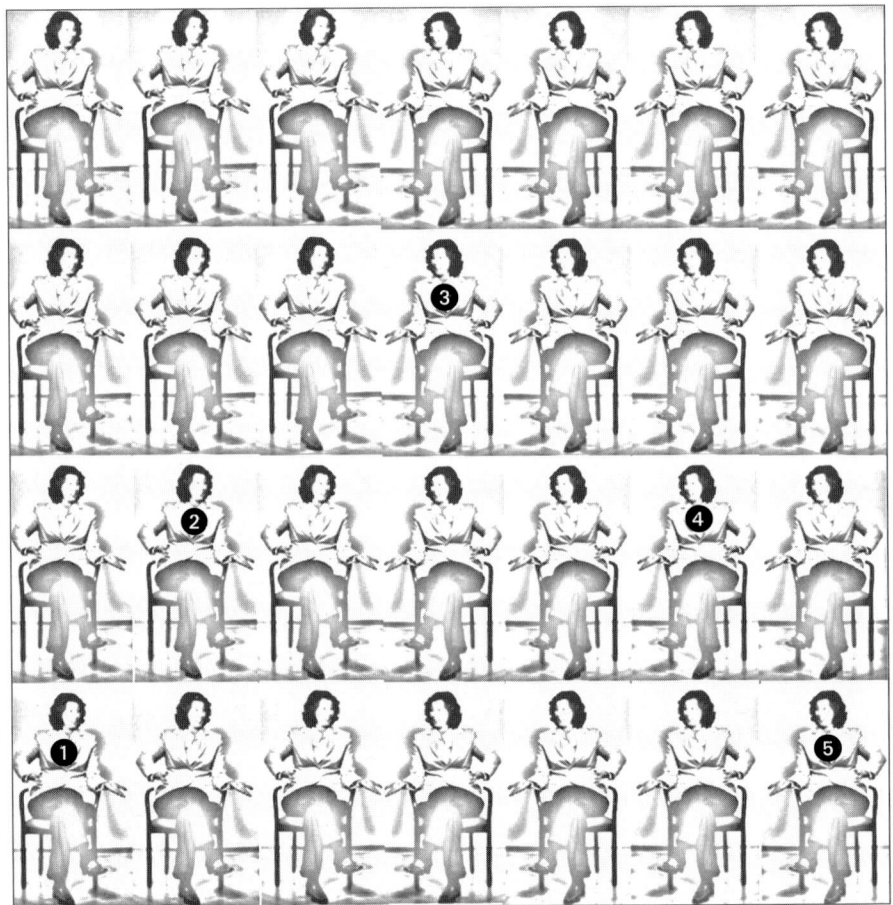

Bei der Vortrags-Methode **5-Punkte-Blicktechnik** ziehen Sie gedanklich eine Halbkreislinie über die Anordnung der Sitzreihen. Sie beginnen den Blickkontakt mit der Person, die äußerst links sitzt ①, dann gehen Sie weiter und schauen die in der gedachten Diagonalen sitzende Person an ②. Von da aus wandert Ihr Blick zu dem Zuschauer, der in der Mitte sitzt ③. Verweilen Sie jeweils einige Momente in dem Blickkontakt. Ihr nächster ④ Blickkontaktpartner sitzt auf der gedachten rechten Diagonalen, und den Abschluss bildet die Person rechts außen ⑤. Behalten Sie stets eine ruhige Blickführung bei.

Diese Technik verhilft also dazu, den Blick »gleichmäßig zu verteilen« und Sie in Kontakt mit allen Anwesenden zu bringen. Sie verhindert somit die gängige Praxis, dass sich ein Redner aus einer Menschenmenge nur eine einzige Person aussucht, die er permanent ansieht und der er augenscheinlich den Vortrag alleine hält. Abgesehen davon, dass sich das übrige Publikum hörbar in Erinnerung bringt (durch Räuspern, Hüsteln oder indem es mit den Füßen scharrt), bedrängt er seinen »Publikums-Stellvertreter«. Nach Überschreiten einer individuell unterschiedlichen, aber spürbar angemessen Zeitspanne, wird dieser sich seiner exponierten Stellung bewusst und versucht, der Fixierung zu entkommen. Nonverbale Signale werden eingesetzt, wie das Senken des Blickes oder auch das Abwenden des Kopfes. Diese stille Zurückweisung löst beim Sprecher Irritationen aus, der Wortbeitrag gerät unter Umständen ins Stocken und er muss in aller Kürze einen neuen Ansprechpartner finden.

Direkter Blickkontakt mit einem anderen Lebewesen (Mensch oder Tier) fördert nachweislich das Formulieren geistiger Inhalte und trägt zu einer energetischen Körpersprache bei. Machen Sie hier einmal die Gegenprobe und sprechen Sie eine Wand an. Sie werden merken, dass Ihnen das Denken und Formulieren wesentlich schwerer fällt, weil Sie es mit einem statischen Gegenüber zu tun haben. Unser Redner wird also die Vorgehensweise des »aufgezwungenen« Blickkontakts wiederholen oder er wird der Einfachheit halber das Publikum nur noch »abscannen«. Damit allerdings boykottiert er einen »rundum« gelungenen Vortrag.

Zuhörer sind immer auch Zuschauer, daher variieren Sie die Reihenfolge des Blickkontaktes, um damit auch eine neue körperliche Bewegungsrichtung, zum Beispiel durch Hinwendung der Körperfront, einzubauen.

Tipp: Haben Sie die Blicktechnik von links nach rechts ausgeführt, so beginnen Sie beim nächsten Durchgang mit rechts und »sehen« weiter in Ihre Runde nach links. Weiterhin variieren Sie, indem Sie in der Mitte beginnen und nach links beziehungsweise nach rechts außen schauen. Diese Methodik sollten Sie in Alltagssituationen üben, bis sie von allein funktioniert. Sie setzt Bewusstsein voraus und die Fähigkeit, beim Denken »sehenden Auges« zu sprechen.

Gestik konzeptionieren

So exakt, wie Sie recherchiert und das Manuskript verfasst haben, sollten Sie auch das Drehbuch für die Gestik erstellen. Denken Sie daran: Jede Ausführung vor Publikum, und sei dies noch so klein, soll interessant und fesselnd sein – schließlich verfolgen Sie ein Ziel.

Während Sie sich Ihren Wortvortrag mindestens einmal laut vorsprechen, wählen Sie die Zusammenhänge oder Begriffe aus, die sich zur plastischen Darstellung eignen. Dann legen Sie (schriftlich in Ihrem Skript und am besten mittels einer Strichzeichnung) fest, mit welcher Geste Sie die größte Wirkung erzielen. Probieren Sie die verschiedenen Möglichkeiten aus, ob Sie mit beiden Händen oder nur mit einer Hand arbeiten. Wie hoch der Anteil an Gestik ist, entscheidet jeder anders. Sind Sie ein Typ, der auch im Alltag mit bewegten Händen spricht, werden Sie mehr Gesten machen. Andere, die eher sparsam agieren, sollten bei Ihrem Stil bleiben und nur wenige, dafür aber prägnante Gesten einbauen und diese auch voll ausgestalten (jede nur angedeutete Geste ist wie nicht gemacht und irritiert Sie und die Zuschauer).

Eine Besonderheit, weil gestische Einschränkung, stellt das Arbeiten mit Stichwortkarten dar, weil Ihnen während des Vortragens überwiegend nur eine Hand zur Verfügung steht. Wählen Sie entsprechend den Inhalten gestische Untermalung aus, die sich eindrucksvoll mit nur einer Hand machen lässt. Das können entweder gezielte Darstellungen sein oder kleine, Energie fördernde Handbewegungen, die Ihr Sprechtempo begleiten und gleichzeitig Bewegung signalisieren.

Statisch für das Auge des Zuschauers – und damit erschwerend für die Aufnahmefähigkeit des Gesprochenen, verhält sich der Vortragende, der seine Karten mit beiden Händen reglos vor dem Bauch hält. Die Karten rücken dabei besonders ins Blickfeld und wirken wie ein Schutzschild. *Zur Verdeutlichung:* Wenn wir angegriffen werden, gehen unsere Hände sofort abwehrend zum Kopf und zum Bauch! Unterschwellig fragt sich also der Betrachter (und ist vom Inhalt abgelenkt), wogegen sich diese Person schützt?

Tipp: Die Karten mit beiden Händen gleichzeitig festzuhalten mag für die Anfangsphase eine »Stehhilfe« sein, ungeschickt sieht es trotzdem aus. Besser Sie legen die Karten zunächst ab und beginnen die Begrüßung beziehungsweise Einleitung in der Grundstellung »Basishand«.

Wenn Sie allerdings jemand sind, der sparsam oder gar keine Gestik verwendet, sollten Sie zumindest bei jedem Kartenwechsel eine akzentuierte »Übergangsgeste« machen.

Kleine Gesten lassen sich mit einer Hand machen. Wollen Sie Komplexeres darstellen, so legen Sie die Karte aus der Hand.

Beim Ablegen oder Aufnehmen einer Karte lenken Sie die Blicke der Zuschauer mit einer »Übergangsgeste« und schauen währenddessen ins Publikum.

Tipp: Sorgen Sie für eine bequem erreichbare Ablagefläche – etwa in Hüfthöhe – und machen Sie sich mit der Reichweite vertraut, sodass Sie beim Ablegen oder Aufnehmen nicht mehr hinschauen müssen. So bleiben Sie im Redefluss und können ständigen Blickkontakt zum Publikum halten.

Rhythmus und Tempo

Gesten haben nicht nur die Funktion, abstrakte Begriffe zu veranschaulichen. Durch die Bewegung der Arme und Hände halten Sie Ihren gesamten Körper in einem Zustand fließender Energie. Ihr Gehirn arbeitet auf Hochtouren, Sie können besser denken, und der körperliche Vorgang des Sprechens wird lebendiger.

Weil Körper und Psyche sich also gegenseitig stimulieren, nutzen wir dieses Mittel der Körpersprache, auf unser *Sprechtempo* einzuwirken. Wir können es mit kurzen und schnellen Gesten beschleunigen (was die Emotionen ankurbelt) oder ruhige Bewegungen vollziehen, um es zu verlangsamen. Nehmen wir bewusst die Geschwindigkeit aus den Bewegungen und dem Sprechtempo, werden wir ruhiger, und unser Tonfall wird bedächtiger. Mit dieser Variationsmöglichkeit können wir bedeutungsvolle Akzente setzen.

Eine weitere positive Eigenschaft des Regulierens ist für diejenigen gut anzuwenden, die generell zum Schnellsprechen neigen. Sie können mit betont ruhigen Gesten und im unbewegten Stand das Verlangsamen ihres Grundtempos erreichen. Sollte diese Bremse noch nicht ausreichen, ist eine (betont) deutliche Aussprache eine weitere Unterstützung. Wenn Sie noch dem letzten Buchstaben eines Wortes seine Berechtigung geben, können Sie nicht schnell sprechen. Diese Methode hat nur Vorteile: Sie werden in jedem Falle gut verstanden.

Der Rhythmus, in dem Sie einen Vortrag halten, gleicht sich dem Rhythmus Ihrer Sprechmelodie an. Ist diese harmonisch fließend, werden Ihre Körperbewegungen, einschließlich der Gestik, dem entsprechen.

Gehören Sie eher zu dem Typus, der sich nicht viel bewegt (und meist auch langsamer spricht) können Sie mit Übung diesen Rhythmus durch eine variantenreiche (zuvor festgelegte) Handarbeit verändern.

Beispielsweise verändern Sie die Wirkung von Rhythmus und Tempo folgendermaßen: Nachdem Sie eine Zeit lang mit gemäßigten Gesten vorgetragen haben, richten Sie sich nun verstärkt an die Emotionen Ihrer Zuhörer. Sie gehen dramaturgisch vor, indem Sie einen großen Bogen zeigen und dabei die Arme bis zum »Anschlag« ausbreiten. Durch diese Bewegung weitet sich der Brustraum, Sie vergrößern den Resonanzkörper und sprechen automatisch lauter und damit lebendiger. Diese bildhafte Darstellung eignet sich zum Beispiel für Aussagen wie: »Wir haben *enorm viel* geschafft!« oder »Es liegt noch ein *ganzes* Stück vor uns!« oder »*Diese Strecke* haben wir bereits zurückgelegt!« Legen Sie kurze Pausen zwischen einzeln betonten Worten ein – wie zum Beispiel in den genannten Sätzen die *kursiv* gedruckten Begriffe –, um dann mit einer zügigen Bewegung zurück auf Ihren körpermittigen Ausgangspunkt zu kommen. Für die Anwesenden ist die dabei freigesetzte Energie zu spüren, Ihre Zuhörerschaft fühlt sich angeregt, und Sie selbst erhalten einen außerordentlichen Kreativitätsschub.

Diese Geste der »Strecke oder Länge« verwenden wir auch in Sachvorträgen. Anregend, aber emotionsfrei, wird sie durch einen ruhigen Tonfall begleitet von einer neutralen Mimik. An diesem Beispiel lässt sich gut ablesen, welchen Einfluss das Sprechen und die Tonlage auf die Wirkung einer Geste haben können.

Ein spannender Gegensatz zu einer ruhig ausgeführten Gestik ist der Wechsel hin zu kurzen, schnellen Bewegungen. Dieser Tempoumschwung sollte beabsichtigt und in seiner emotionalen Wirkung auf die vorgetragenen Inhalte zugeschnitten sein. Ein solches Vorgehen beabsichtigt, die Zuschauer auf die Wichtigkeit hinzuweisen, einen Appell zum Handeln deutlich zu machen oder einfach nach einer Phase von Faktenvorträgen für Belebung im Publikum zu sorgen.

Dabei bedenken Sie bitte, diese Dramaturgie nicht zu häufig während eines Vortrags anzuwenden; Sie könnten sonst Unruhe schaffen oder aber diese Gestik »nutzt sich ab«.

Ein Beispiel: Sie haben einen Sachverhalt mit ruhigem Vortragstempo und gemessener Gestik dargestellt. In der rhetorischen Abfolge wollen Sie ein Fazit mit entsprechendem Ausblick ziehen, etwa: »Auf den Punkt gebracht, heißt das ...« – mit einer kurzen und energetischen Geste wechseln Sie das Tempo (das sich auch beim Sprechen zeigt). Wollen Sie einen Appell anschließen, bleiben Sie in der gewonnenen Energie. Das macht Sie nicht nur glaubwürdig, bei den Zuschauern wecken Sie auch Tatkraft.

Tipp: Lassen Sie die energiegebende Geste an ihrem Abschlusspunkt für Sekunden wir eingefroren stehen. Diese Position wird zum Übergang in die ruhige Handarbeit. Indem Sie die Hände wieder auf die Position »Basishand« zurücknehmen, entsteht Ausgeglichenheit.

Bewegung im Stand

Körperliche Flexibilität gibt ein bewegtes Bild, das die Sinne anspricht. Das Gehen ist ein starkes Ausdrucksmittel, räumlich allerdings nicht immer ausführbar – was bleibt, ist der Vortrag im Stand (auf einem Fleck).

Die meisten Redner spüren aber, dass Sie den Körper in Bewegung bringen müssen, um die Aufmerksamkeit des Publikums zu fesseln. Ungeübte bewegen sich dann in jedem Fall, egal wie es aussieht. Relativ häufig ist zu beobachten, dass sie bei fast jedem Wort mit dem Kopf nicken und schlenkernde Armbewegungen durchführen, die weit entfernt von einer Geste sind. Betrachten wir die Auswirkungen auf den Redner. Diese Art der Körpersprache wirkt sich unstrukturierend auf das Sprechen und den Vortragsrhythmus aus. Für das Auditorium wird es schwierig, die Inhalte aufzunehmen und zu verarbeiten. Ein weiteres Hemmnis ist die Unfähigkeit mancher, beim Entwickeln von Gedankengängen anderen in die Augen zu sehen. Stattdessen schweift der Blick »denkerisch« ab, was zur Folge hat, dass die Zuschauer ebenfalls »abschweifen« und sich innerlich von dem Wortbeitrag distanzieren.

Negativbeispiel: Verspannungen und der Verlust des direkten Blickkontakts sind unausweichlich.

Solch ein Sprecher kann zudem kein Feedback aufnehmen und redet sich im wahrsten Sinne des Wortes »in Rage«. Das ist für manche Menschen der Ausweg aus dem Unbehagen, sehenden Auges einen Vortrag halten zu müssen.

Tipp: Beginnen Sie Ihren Wortbeitrag immer in der Grundhaltung mit der Sicherheit gebenden Kontaktfläche »Basishand« oder benutzen Sie die Variante der anliegenden Fingerspitzen (s. S. 111). Trauen Sie sich anfänglich keinen direkten Blickkontakt zu, helfen Sie sich mit einem kleinen Trick: Schauen Sie knapp neben die Augen auf das linke Ohr.

Auf der Stelle gehen und Füße abrollen

Um durch koordinierte und kleine Bewegungen Leben in Ihre Worte und Gestik zu bringen, genügt es, wenn lediglich Beine und Füße in Aktion kommen. Das Muster des Abrollens sollte eines von mehreren Bewegungselementen sein, um der Eintönigkeit vorzubeugen.

Sie beginnen in der Grundhaltung, das heißt, die Füße stehen parallel und hüftbreit auseinander, die Fußspitzen zeigen nach vorn. Bei angewinkelten Armen setzen Sie nun die Basishand ein. Im Wechsel rollen Sie mit Bedacht die Füße ab, ganz so als würden Sie auf der Stelle gehen. Dabei halten nur die Spitzen des agierenden Fußes leichten Kontakt mit der Bodenfläche. Anatomisch geht diese Bewegung einher mit dem Beugen und Strecken der Knie, wodurch Ihr ganzer Körper in harmonische Bewegung kommt.

Dieses angedeutete Gehen braucht ein ruhiges und gleichmäßiges Tempo. Nehmen Sie den aufgestellten Fuß zurück auf den Boden, verbleiben Sie einen kurzen Moment in dieser Stellung, bevor Sie den anderen Fuß zu der Gehbewegung anheben. Ein Themenwechsel bietet dann die Gelegenheit, aus der Bewegung wieder in einen ruhigen Stand zu kommen.

Bewegungsmuster

Unabhängig von den herrschenden Platzverhältnissen, können Sie einen Vortrag oder eine Präsentation weitgehend im festen Stand oder aber in einem Bewegungsmuster halten; hierbei überlassen Sie am besten nichts dem Zufall. Obwohl Sie Ihre Körpervorderseite dem Publikum zugewandt halten, eröffnen sich die verschiedensten Gehrichtungen, aus denen Sie Muster konzeptionieren. Wenn ich hier von »gehen« spreche, meine ich damit das bewusste Voransetzen der Füße. Mit jedem Schritt kommen Sie auch in Ihrem Wortbeitrag weiter, bleiben also im Gedankenfluss.

Das Schnellsprechen lässt sich ebenfalls durch ein extrem langsames Gehen günstig beeinflussen. Auch hier gilt: Üben Sie diese Situationen im Alltag, damit sich die neue Verhaltensweise abspeichert und mit der Zeit »von selbst« da ist.

Die verschiedenen Gehrichtungen lassen sich vielfältig kombinieren. Sie bieten also nicht nur einen interessanten Anblick, sondern verändern gleichzeitig die Körperhaltung, die wiederum einigen Gesten neue Bedeutungen gibt.

Vorwärts und rückwärts gehen

Eine häufig anzutreffende Variante zum Stehen ist die des Vorwärts-Rückwärts-Gehens. Wird allerdings ausschließlich diese Bewegung gemacht, verführt sie dazu, zum monotonen »Wiegeschritt« zu werden, weil der Sprecher die Füße nicht mehr anhebt. Diese Einseitigkeit überträgt sich ebenso auf das Sprechtempo, das dann einschläfernd auf die Zuschauer wirkt. Zu verhindern ist diese negative Wirkung, wenn Sie die Füße bewusst voransetzen und mindestens drei Schritte vor und wieder zurück machen. Vor jedem Richtungswechsel bietet sich eine Standpause an, die Sie mit ausdrucksstarker Gestik anreichern.

Tipp: Machen Sie an den Endpunkten des Vorwärts-Rückwärts-Gehens eine kurze Stehpause, verlagern Ihr Gewicht auf ein Standbein und schieben das Knie des anderen vor (das leitet das bewusste Voransetzen der Füße ein). Dabei geht der Oberkörper jeweils automatisch mit. Aus Gründen der Balance nehmen Sie die Hände nach vorn und formieren sie zu einer Geste.

Die identische Handhaltung bekommt durch den Richtungswechsel unterschiedliche Wirkung.

Links:
Vor ...
Der Oberkörper
kommt »fordernd«
nach vorn. Mit dieser
Geste, unterstützt durch
die Mimik, bitten Sie
um Zustimmung.

Rechts:
... und zurück.
Mit zurückgelehntem
Oberkörper und dem
aufgestellten Fuß geben
Sie der Geste einen
fragend abwartenden
Charakter.

Tipp: Wenn Sie gestisch keine bedeutungsvolle Aussage beabsichtigen, halten Sie die Hände in der neutralen Position der »Basishand«.

Seitwärts gehen oder sich auf der Stelle drehen

Da Ihr Vortrag längere Zeit andauert, sollten Sie in Ihr Gehmuster noch eine Richtungsvariante einbauen, und zwar schräg zur Seite hin. Achten Sie darauf, auch in dieser Position Blickkontakt zu halten und die Körpervorderseite nicht mit »abzudrehen«. Für die Zuschauenden ergibt sich nicht nur ein anderes Bild, sondern auch Sie werden dabei »neue« Personen ins Visier nehmen.

Das seitliche Gehen ergänzt die zuvor beschriebene Variante des Vorwärts-Rückwärts-Gehens.

Die Bewegung des seitlichen Gehens lässt sich auch als Unterbrechung auf einem Punkt machen: Die Füße, die ganzflächig festen Kontakt mit dem Boden

Links:
Auch in der Seitwärts-
position bleibt der
Kopf dem Publikum
zugewandt. Die Gesten
heben sich plastisch vom
Hintergrund ab.

Rechts:
Eine abwechslungsreiche
Choreografie ist bereits
der Wechsel von
der Seiten- auf die
Frontalhaltung.

haben, werden dabei *parallel* seitlich gedreht beziehungsweise auf der Stelle verschoben. Diese Bewegung machen Sie im Wechsel nach rechts und links. Der Körper folgt, und es findet Bewegung statt.

Tipp: Die Bewegung des Abrollens und der Drehung im Stand können Sie auf der Fläche eines DIN-A4-Blattes ausprobieren, mehr Platz brauchen Sie nämlich nicht, um Bewegung zu signalisieren.

Die Schleife

Ein Bewegungsmuster kann sich aus einzelnen, die Richtung wechselnden Schrittfolgen zusammensetzen, wir vorwärts und rückwärts gehen, auf der Stelle drehen oder Schritte zu den Seiten zu machen. Auf der unendlichen Linie der Figur einer Schleife (oder liegenden Acht) sind diese Elemente enthalten, jedoch als ein *geführtes* Abschreiten. Sie bleiben in Bewegung, ohne sich die Reihenfolge einzelner Formationen merken zu müssen.

Die Schleife können Sie in verschiedenen Varianten gehen. In diesem Muster stehen Ihnen viele Möglichkeiten zur Verfügung. Ob Sie überall die Schleife »abgehen« können, hängt nicht zuletzt vom Platzangebot ab. Müssen Sie nämlich die Bögen sehr eng nehmen, kommt die Eleganz (fließende harmonische Bewegungen) dieses Musters nicht mehr zum Tragen. Außerdem veranlassen zu enge Passagen dazu, dieses Hindernis schnell zu umgehen. Damit kommen wir aus dem Tritt.

Da die liegende Acht eine unendliche Schleife ist, wird auch Ihr »Weg« durch nichts unterbrochen, außer durch bewusst installierte Stehpausen. An welcher Stelle der Figur Sie diese einsetzen, zeigt die nachfolgende Choreografie.

Die liegende Acht: ein komplexes, abwechslungsreiches Bewegungsmuster.

Der Ausgangspunkt für das Bewegungsmuster.

Redner platzieren sich meist mittig zum Publikum, daher ist die »Schleifenmitte«, also der Schnittpunkt der Bögen, auch Ihre Ausgangsposition.

- Sie starten aus der Grundhaltung in den *linken Schleifenbogen.*
- **Nach vorn:** Über Ihr linkes Standbein heben Sie den rechten Fuß und leiten damit den Bogen ein. Mit einem oder zwei Schritten ist der Scheitelpunkt erreicht, und Sie referieren eine Weile im Stand.
- **Nach hinten:** Beim rückwärtigen Weitergehen beginnen Sie mit dem rechten Fuß und setzen ihn *hinter* den linken. Diese Schrittfolge können Sie zweimal gehen, dann bleiben Sie am hinteren Scheitelpunkt der Figur stehen – und referieren.
- **Vor zum Ausgangspunkt:** Mit zwei oder drei Schritten gehen Sie nun schräg nach vorn zum mittigen Ausgangspunkt zurück, dabei setzen Sie einen Fuß *über* den anderen. Sie machen eine Stehpause, bevor Sie im gleichen Muster den *rechten Schleifenbogen* abschreiten.

Folgende Kombinationsmöglichkeiten haben Sie:

- Sind Sie die Schleife einige Male gegangen, unterbrechen Sie dieses Muster und wählen vom mittigen Ausgangspunkt aus das Vorwärts-Rückwärts-Gehen.
- Um noch einmal zu variieren, vollziehen Sie die Drehbewegung auf der Stelle. Das kann an jedem beliebigen Punkt der liegenden Acht sein.

Anmerkung: Veränderungen im Gehmuster sollten an markanten Abschnitten Ihres Vortrags festgemacht werden. Auch Bewegungsänderungen müssen einen (sichtbaren) Sinn ergeben.

Tipp: Bei ausgiebigen Gehmustern ist unbedingt darauf zu achten, nach vorn hin ausreichend Abstand zu den sitzenden Personen zu halten, Sie wirken sonst bedrohlich. Sollten Sie die Distanz falsch einschätzen, erkennen Sie an der Körpersprache die Auswirkungen, beispielsweise zusammengekniffene Augenbrauen, einen vorgeschobenen Kopf oder den zurückweichenden Oberkörper. Für einen reibungslosen Fortgang empfiehlt es sich, augenblicklich wieder Distanz herzustellen, *gesetzte* Schritte rückwärts zu machen, begleitet von einer kleinen verbindlichen Geste.
Das Tempo während des Sprechens und Gehens ist abzukoppeln von der Erfahrung aus dem normalen Alltag. Wenn Sie jeweils mit halber Geschwindigkeit agieren, werden Sie doppelt gut wahrgenommen.

Vortragen am Rednerpult

Die Vortragssituation hinter einem Pult ist hinsichtlich der Körpersprache eine Kombination der Möglichkeiten, die wir in Sitz- und Standpositionen durchführen können. Hinzu kommen verschiedene Bewegungsmuster (s. S. 120ff.), mit denen Sie Lebendigkeit in eine eher statisch anmutende Vortragsart bringen können. Nach meiner Beobachtung nutzen leider die wenigsten Redner in der Praxis diese Ausdrucksmittel.

In diesem Kapitel mache ich Sie mit den verschiedenen Techniken bekannt, mit denen Sie das Interesse der Zuschauer durchgängig erhalten können.

Werden Sie sich bewusst, dass das Stehpult meist die untere Körperpartie verdeckt und somit ein besonderes Augenmerk auf den Oberkörper, die Kopfhaltung, Mimik und Gestik fällt. In dieser Vortragssituation ist es sinnvoll, sich vorab zu überlegen, bei welchen Passagen Sie gezielt Gesten einsetzen und Bewegungsabläufe sowie Gehmuster einbauen wollen. Das Pult ist eine Performancefläche: Sie können sich ohne Verspannungen aufstützen, sich leger anlehnen oder die Außenkanten als Haltepunkte zu einer kraftvollen Gestik nutzen. Allerdings verführt dieses Medium dazu, Nervosität gerade zu Beginn eines Wortbeitrags an den Außenkanten »abzuarbeiten«. Durch dieses (wiederum vermeintlich Halt gebende) Umklammern »nageln« Sie sich in einer Position fest, und es wird einigermaßen schwierig, sich »frei« zu sprechen und körperlich in akzentuierte Bewegung zu kommen.

Alles (zu) fest im Griff, wenn das Weiß der Fingerknöchel hervortritt.

Grundhaltung am Rednerpult

Obwohl Ihre untere Körperhälfte unsichtbar bleibt, nehmen Sie auch hinter dem Stehpult die Grundstellung im Stand ein. Das erdet Sie und gibt Sicherheit. Statt der Einführungsgeste »Basishand«, legen Sie die Handflächen locker auf der Platte ab, damit bleiben die Arme gebeugt und körperliche Anspannung wird vermieden.

Die aufrechte Haltung und ein gewinnendes Lächeln zeigen Präsenz. Die Hände liegen flach und entspannt auf, die Arme sind leicht angewinkelt.

In der *Grundhaltung* stehen die Beine hüftbreit auseinander, die Knie sind durchgedrückt und die Füße parallel nach vorn ausgerichtet.

Tipp: Kraftaufwand oder Spannungen vermeiden Sie, wenn Ihre Hand hauptsächlich auf dem Ballen aufliegt und Sie die Pultkante spüren. Diese Position ermöglicht es, die Hand leicht zu lösen und in Gestik überzugehen. Dabei hilft das Bild eines Trampolins, von dem aus die Hände im mühelosen Schwung agieren.

Grundhaltung der Gestik

Die Seitenansicht verdeutlicht neben der energievollen aufrechten Körperhaltung auch den Abstand zum Pult, der Ihnen genügend Freiraum sowohl für Bewegungsmuster als auch für Gestik gibt. Für den Einsatz von Gesten gelten hinter einem Pult die gleichen Voraussetzungen wie in der Sitzposition. Sie darf Ihr Gesicht nicht verdecken und sollte niemals über die äußere Pultkante hinausreichen. Das sieht nicht nur ungeschickt aus, es verringert optisch die angemessene Distanz zum Publikum, das diese Überschreitung eher unbewusst, aber eindeutig negativ aufnimmt.

Redner, die einen emotionalen und vertraulichen Ton anschlagen, »liegen« fast auf der Ablagefläche. Diese Haltung hat immer polemischen Charakter. Ähnlich bewertet wird das Ablegen beider Unterarme oder das Aufstützen eines Ellenbogens. Sie bremsen den Redefluss und der abgeknickte Oberkörper verringert den energetischen Austausch, das Sprechtempo verlangsamt sich und die Sprechmelodie wird lang...weilig (im wahrsten Sinne des Wortes). Abgesehen von diesen »Hindernissen«, bilden abgelegte oder verschränkte Arme eine Kommunikationsblockade.

Unten:
Ein häufig zu
beobachtendes
Negativbeispiel.

Links:
Der fußbreite Abstand
zum Pult verhindert,
dass Sie bei einer Geste
über den Rand des
Pults hinausreichen.

Aufbau von Bewegungsdynamik am Rednerpult

Da ein Vortrag Abwechslung verlangt und Ihre Energie weiterhin fließen soll, kommen Sie in Bewegung. Nachdem Sie in der Begrüßungsphase im festen Stand mit einladender Gestik gearbeitet haben, schreiten Sie auch in der Körperperformance fort. Damit Sie einen lebendigen Einstieg in Ihren Wortbeitrag bekommen, leiten Sie zunächst über in den Wiegeschritt. Hierbei haben Sie die Wahl, entweder weiterhin Kontakt mit dem Pult zu halten oder aber frei zu agieren. Die Vorwärts-Rückwärts-Bewegungen des Wiegeschritts lassen in den kurzen Stehpausen Raum für Gesten. Achten Sie darauf, die Handarbeit seitlich eines eventuell vorhandenen Aufbaus zu machen, damit sie auch gesehen wird.

Der Wiegeschritt

Aus der aufrechten Grundhaltung heraus machen Sie einen Schritt vor und zurück, bleiben dann mittig stehen und wechseln in diesem Rhythmus den jeweiligen Anfangsfuß. Ihre Hände stoßen sich jeweils beim Vorkommen an der *Pultkante* ohne Kraftaufwand ab und schwingen frei. Alternativ lassen Sie die Hände am Pult, ob Sie sich abstoßen oder wieder heranziehen.

Vor ...
... und zurück

Die Seiten wechseln

Dieses Bewegungsmuster ist eine Alternative zum Wiegeschritt, wenn Sie genügend Platz zur Verfügung haben und ohne Mikrofonanlage sprechen. Wollen Sie diese Methode auch mit installiertem Mikrofon anwenden, so prüfen Sie vorab, wie weit Sie sich davon entfernen können. Außer, dass Sie spürbar lebendiger vortragen, bieten Sie mit dem Anblick Ihrer »ganzen« Person auch etwas Neues.

Während des gesamten Vorgangs halten Sie ständig mit einer Hand Kontakt zum Pult; der gestreckte Arm gibt den Abstand vor. Dadurch bleiben Sie stets mit dem Medium verbunden, und der Übergang, wieder im Stand zu referieren, wirkt als fließende Aktion. Das Seitenwechseln ist eine Kombination aus Elementen, die Sie aus dem festen Stand kennen, und den Gehstrukturen der Schleife (s. S. 118ff.).

Die Ausführung ist in drei Phasen aufgeteilt:

- **Phase 1:** Aus der Grundhaltung wechseln Sie mit einem Schritt zur *linken Seite.* Dabei lassen Sie die *rechte Hand* auf der Pultkante liegen (sie bleibt auch dort, während Sie sprechen). Die freie linke Hand setzen Sie für untermalende Gestik ein.

Verstärkter Gestik- und Körpereinsatz.

● **Phase 2:** Bevor Sie den Weg hinter dem Pult abschreiten, lösen Sie in einer Geste die rechte Hand. Beim nächsten Schritt heben Sie einen Fuß über den anderen nach vorn (oder nach hinten), um die Körpervorderseite den Zuschauern weiterhin zuwenden zu können. In diesem Zuge platzieren Sie die linke Hand auf der Pultkante. Sie bleibt im Gehen auf der Oberfläche entspannt liegen.

Diese Phase sollte als neue Bewegungsrichtung in Ihrem Vortrag auch einen »geistigen« Wechsel einleiten, ein verändertes Sprechtempo begleiten oder eine effektvolle »Denkpause« kennzeichnen, insgesamt also dramaturgisch bedingt sein.

Anmerkung: Diese Bewegungen vollziehen Sie, während Sie weiter sprechen und gleichzeitig die freie Hand für Gesten nutzen.

Um sich schrittweise diesen Ablauf anzueignen, üben Sie im Alltag immer wieder an einem geeigneten Gegenstand, beispielsweise an einem Stuhl mit hoher Lehne, den Sie entsprechend abschreiten. Gelingt dieses fließende Gehmuster, machen Sie im zweiten Durchgang mit der anderen Hand eine Abfolge vorher festgelegter Gesten. Sprechen Sie dabei unterstützend einen Text.

Links:
Der Weg zur anderen Seite: Blickkontakt mit den Zuschauern beim Übereinandersetzen der Füße.

Rechts:
Begleitende Gestik bis zum Seitenwechsel.

- **Phase 3:** Mit dem letzten Schritt kommen Sie neben dem Pult in den festen Stand. Nach einem Abschlusswort sind Sie mit zwei Schritten (wobei Sie die Füße wieder übereinandersetzen) zurück in der Mitte.
Anmerkung: Da das Wechseln der Seiten ein komplexeres Gehmuster ist, sollten Sie eine solche Sequenz nur einmal während des Vortrages vorsehen.

Tipp: Auch der veränderte Standpunkt (mittig am Pult) sollte thematisch passend sein. Üben Sie die demonstrierten Abläufe und wählen Sie zunächst das Bewegungsmuster, das Ihnen relativ leicht fällt, also den Wiegeschritt oder das Wechseln der Seiten in nur *eine* Richtung.

Als Zeitpunkt eignet sich eine Phase des Wortbeitrages, in der Sie komplexe Zusammenhänge formulieren. Durch das Abschreiten und dem begleitenden Einsatz von Gestik lassen Sie beim Betrachter bewegte Bilder entstehen, die Abstraktes in Fassbares wandeln.

Die Hand berührt die Pultfläche nur leicht, damit vermeiden Sie ein plump wirkendes Abstützen.

Anwendung: Körpersprache und Bewegungsabläufe an Medien

Hilfsmittel zur anschaulichen Darstellung fördern grundsätzlich die geistige Aufnahme abstrakter Inhalte. Sie geben außerdem die Möglichkeit, gemeinsam mit den Anwesenden Zusammenhänge zu entwickeln – und wer aktiv mitgestalten kann, ist innerlich beteiligt und interessiert. Die Voraussetzungen dafür sind neben gelungener grafischer und textlicher Aufbereitung Ihrer Materialien, lebendiges Sprechen und die Ausdrucksmittel der Körpersprache unterstützend einzusetzen.

Hilfsmittel bleiben Hilfsmittel und sollten den Vortrag nicht dominieren, sonst wäre Ihre körperliche Präsenz überflüssig und Sie könnten die Ausführungen in schriftlicher Form aushändigen. Dass es Nachholbedarf hinsichtlich einer abwechslungsreichen Performance gibt, wird augenscheinlich, wenn der Redner lediglich den projizierten oder auf dem Chart vorgefertigten Text abliest – und keine weiteren Erläuterungen dazu liefert. Er lässt damit die Gelegenheit zu eindrucksvoller Gestik und Mimik sowie belebender Bewegung ungenutzt.

Beim Einsatz eines Overheadprojektors sind häufig eklatante Fehler zu beobachten: Der Vortragende steht mit dem Rücken zum Publikum, schaut selbst wie gebannt auf die Projektion und spricht auch noch in diese Richtung. Hin und wieder erinnert er sich an die Anwesenden (die er körpersprachlich »ausgeblendet« hat), verdreht nur den Oberkörper, während er kurzen Blickkontakt sucht, um dann sofort weiter zu referieren. Zuschauer verlieren schnell das Interesse und beginnen sich zu langweilen, wenn der Raum bei der Vorführung zusätzlich abgedunkelt ist. Die Präsentation mit einem Beamer entschärft diese kommunikative Unart durch eine größere Variation der Sitzanordnung und aufwendiger gestalteter Folien oder Filmsequenzen, bietet aber auch Stolpersteine, auf die ich in einem eigenen Punkt eingehe.

Der mediengestützte Vortrag erfordert also nicht nur, dass Sie die Körperfront Ihrem Publikum permanent zuwenden, sondern auch dass Sie ihre Aufmerksamkeit steuern. Diese kompliziertere Vorgehensweise braucht ein durchdachtes Konzept, um Laufwege mit der Performance in Einklang zu bringen. Legen Sie daher vorab fest:

- Welchen Standort wähle ich für das Flipchart?
- Wo platziere ich den Overheadprojektor?
- In welcher Position zu der meist fest installierten Leinwand stehe ich?
- Wo sind Stellwände am vorteilhaftesten zu erreichen?
- An welchen Stellen gibt es Kabelhindernisse?
- Wie stimme ich die Positionen von Beamer, Notebook, Projektionsfläche und Publikumsanordnung ab?

Position am Flipchart

Das Flipchart ist ein ideales Medium dafür, Anwesende aktiv an der Mitarbeit zu beteiligen; das sichert Aufmerksamkeit und Engagement. Platzieren Sie das Chart also an dem Punkt des Raumes, von wo aus es von allen gesehen werden kann. Wählen Sie einen Standort in Richtung Wand (statt an der Fensterfront, wo es im Gegenlicht beziehungsweise Zwielicht steht). Meist bietet sich die Fläche *vor* einer Ecke an, die von den Seiten her gut zugänglich ist, damit Sie für Gestik und kleinere Gehmuster Freiraum haben. Probieren Sie vorher aus, ob Sie von diesem exponierten Standpunkt aus stets mit allen Personen in direktem Blickkontakt sein können, auch mit denen, die eventuell seitlich in der Nähe des Flipcharts sitzen.

Skizzieren Sie Prozesse, die Sie während des Vortrags entwickeln, müssen Sie, selbst wenn Sie die Idealposition (einen Schritt seitlich des Mediums) einhalten, sich dem Flipchart widmen. Während dieser Zeitspanne lassen Sie Ihr Publikum nur dann nicht »allein«, wenn Sie Ihre Notizen verbal ankündigen und dabei ausdrucksstarke Mimik und Gestik einsetzen – Sie machen Ihr Publikum neugierig. Wenden Sie sich hingegen wortlos dem Chart zu und bieten den Anwesenden gleichzeitig noch Ihre Rückenansicht, verführt diese Körperhaltung die Zuschauer dazu, sich mit dem Nachbarn zu unterhalten oder mit ihren Materialien zu beschäftigen. Das hat zur Folge, dass Sie die Aufmerksamkeit erst wieder aktivieren müssen.

Für einen reibungslosen Fortgang sorgen Sie, wenn Sie im Kontakt mit den Anwesenden bleiben und nach jedem Schlagwort oder Satz, den Sie notiert haben, zur Seite treten und Ihre Ausführungen zusammen mit körpersprachlichen Mitteln interessant ausgestalten.

Tipp: Moderationsmaterialien und Stifte sollten Sie aufnehmen können, ohne sich dabei vom Publikum abzuwenden. Denken Sie daran: Ihre Rückenansicht stellt eine Kommunikationsblockade zum Publikum dar.

Am Flipchart befinden Sie sich in folgender Grundhaltung: Aufrechte Körperhaltung, die Füße stehen hüftbreit auseinander und sind parallel ausgerichtet.

Um den Kontakt zum Publikum herzustellen, können Sie als **Kontaktgeste** Folgendes machen: Die Finger der Hand auf dem Flipchart (meist ist es die linke) sind in geschlossener Formation (zeigt etwas Festes, Unumstößliches). Die Finger der rechten Hand werden locker formiert, im Sinne »etwas Hinreichendes in der Hand zu haben«. Die abgespreizten Daumen heben die Gesten plastisch hervor.

Tipp: Publikum und Medium fordern zwar Ihre ganze Aufmerksamkeit, vergessen Sie aber nicht die verbindende 5-Punkte-Blicktechnik (s. S. 112ff.).

Bei Ihren Ausführungen schaffen Sie gestisch eine stringente Verbindung zum Publikum.

Müssen Sie beispielsweise nach einer Unterbrechung die Konzentration wieder auf sich lenken, so können Sie durchaus einmal eine »große Geste« in Ihre Performance einbauen. Führen Sie dabei nonverbal die Blicke, indem Sie sie mittels Körpersprache »einsammeln«.

In aufrechter Haltung schieben Sie einen Fuß vor, der damit in einer Linie ist mit dem auf das Publikum gerichteten Arm (dadurch öffnet sich Ihre Körperhaltung). Bei der **Aufmerksamkeitsgeste** ist der auf die Anwesenden zeigende Arm leicht gebeugt (dies drückt Verbindlichkeit aus) und wird in Schulterhöhe gehalten. Die Hand ist gestreckt, mit nach oben zeigender Innenfläche. Auf gleichbleibender Höhe führen Sie ihn in einem *Viertelbogen* Richtung Chart und beenden diese Bewegung vor dem Körper.

Anmerkung: Die Finger der linken Hand sind geschlossen, mitsamt des Daumens; sie werden entspannt gehalten, um keinen (sichtbaren) Druck auszuüben.

Die Mimik unterstreicht den freundlichen Charakter des Einsammelns und Führens.

Schreiben am Flipchart

Arbeiten am Flipchart bedeutet nicht nur eigene Gedanken schriftlich zu fixieren, sondern auch die Anregungen aus dem Publikum aufzunehmen. Am Chart zu schreiben und dabei so viel »Körperfront« wie möglich zu zeigen schaffen Sie, indem Sie sich *seitlich* aufstellen.

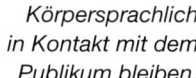 *Tipp:* Platzieren Sie das Flipchart so, dass Sie jeden Teilnehmer im Blick haben. Ist das aus technischen Gründen (Raumgröße und Personenzahl) nicht möglich, sollten Sie diejenigen, die im »toten Winkel« sitzen, zwischendurch gezielt »anreferieren« und sich ihnen mit dem ganzen Körper zuwenden.

Beschreiben Sie das Blatt in der unteren Hälfte, verlangt das, dass Sie tiefer heruntergehen. Ungeschickt wäre es, in frontaler Stellung vor dem Chart zu

Körpersprachlich in Kontakt mit dem Publikum bleiben.

arbeiten – wie viele es leider tun – und sich entweder auf die Fersen zu hocken oder in Bückstellung den Unterkörper weit nach hinten (Richtung Teilnehmer!) hinauszuschieben.

Mit gestrecktem Oberkörper und aus der Kraft Ihrer Oberschenkel führen Sie diese Bewegung aus. Im seitlichen Stand sind die Knie durchgedrückt, die Füße stehen versetzt, (je nach Schreibhöhe und Körpergröße), und Sie positionieren sie so weit hinter das Flipchartgestell, dass der Oberkörper auf einer Ebene mit der Schreibfläche ist. Diese Haltung sieht elegant aus und gibt die Möglichkeit zum Blickkontakt, zum Beispiel bei Einwänden aus dem Publikum. Der linke Arm hält die Balance.

Tipp: Probieren Sie vorher aus, wie tief Sie problemlos in die Knie gehen können. Sind Sie körperlich weniger beweglich, beschreiben sie nur die Fläche, die Sie ohne Verrenkungen erreichen. Ohnehin gilt: Je weniger Text auf dem Chart, desto prägnanter die Aussage!

Auch wenn Sie beschäftigt sind, sind Sie jederzeit ansprechbar.

Da Sie ja wissen, was Sie geschrieben haben, halten Sie beim Sprechen möglichst Blickkontakt mit den Teilnehmern und zeigen »blind« auf das Flipchart. Müssen Sie sich aber rückversichern, drehen Sie nicht einfach den Kopf, sondern begleiten die Veränderung der Blickrichtung mit der zuvor beschriebenen »Kontaktgeste« (s. S. 134).

Tipp: Während Sie aktiv am Flipchart Ihre Inhalte entwickeln beziehungsweise die Anregungen der Anwesenden notieren, halten Sie den Stift ausschließlich *quer* zum Publikum. Denn der direkt auf die Zuhörer gerichtete Stift kann sonst unterschwellig als Angriff gedeutet werden.

Oben:
Negativbespiel: Der Stift wird auf die Person gerichtet und wirkt wie eine Stichwaffe. Hier sei an das Zeigefinger-Syndrom erinnert (s. S. 76f.).

Links:
Das Querhalten des Stiftes ist nicht nur höflich, sondern auch praktisch: Der Stift ist am unteren Ende zwischen Zeige- und Mittelfinger geklemmt. Dadurch kann die andere Hand in einer fließenden Bewegung die Kappe abnehmen, und der Stift ist sofort einsatzbereit.

Auch bei kurzem Absetzen sollten Sie darauf achten, dass die Stiftspitze zum Chart hin zeigt. Ebenfalls eignet sich diese Handhaltung als ein deutliches körpersprachliches Signal. Wollen Sie das Publikum zur Mitarbeit aktivieren, unterstützt die auf das Chart gerichtete Stiftspitze Ihre Aufforderung, etwa in dem Sinne: »Ich bin bereit, Ihre Aussagen sofort zu notieren!«

Tipp: Die Verschlusskappe halten Sie zwecks schnellerer Bedienung in der anderen Hand. Damit vermeiden Sie ein »Herumkramen« in der Ablage, das die Zuschauer ablenkt und Ihre Aufmerksamkeit unnötig bindet.

Der Stift ...: Unterbrechung heißt aktive Mitarbeit und ist ein Zeichen von Interesse.

Position am Overheadprojektor

Dieses Medium verlangt eine Konzeption des Vortragens, denn obwohl Sie sich als Sprecher im Halbdunkel befinden, gilt es, unablässig Blickkontakt zum Publikum zu halten und eine körpersprachliche Performance zu bieten – schließlich wollen Sie das Interesse an Ihrem Thema den ganzen Vortrag über wachhalten.

Die Aufmerksamkeit der Zuschauer verteilt sich auf das erleuchtete »Bild«, Ihre Stimme und auf Ihre Körpersprache. Da es sich bei der Projektion, anders als bei einem Beamer, um stehende Bilder handelt, ist neben lebendigem Sprechen und gestischer Arbeit auch Bewegung angebracht. Der zur Verfügung stehende Raum für Gehmuster ist allerdings äußerst begrenzt. Trotzdem ist es möglich, seitlich zwischen dem OHP-Standort und der Projektionsfläche die

Dieser Abstand erlaubt die stets aufrechte Körperhaltung, und Sie können bequem Folien wechseln oder auch auf ihnen arbeiten.

Bewegungsmuster im Stand, wie das Vorwärts-Rückwärts-Gehen oder auch den Wiegeschritt einzubauen (s. S. 120f.).

Während des Auflegens von Folien müssen Sie zwangsläufig den Blickkontakt mit der Zuhörerschaft unterbrechen, sorgen aber auch in dieser kurzen Zeitspanne weiterhin für »Unterhaltung«: Sie kündigen an, was Sie zeigen wollen (machen die Teilnehmer neugierig). Beziehen Sie Gestik und Mimik mit ein, wird sogar das Auflegen ein Teil Ihrer Performance.

Tipp: Lassen Sie sich nicht verführen, der Blickrichtung des Publikums auf die Projektionsfläche zu folgen. Referieren Sie in Frontalstellung, denn dies hat zwei Vorteile. Zum einen richten Sie Ihre Stimme direkt ins Publikum (fördert das Gehört-Werden), zum anderen nehmen Sie mimische Signale auf und können Unklarheiten unmittelbar ausräumen.

Mit der Frontalstellung bleiben Sie trotz Konkurrenz zum erleuchtetem Bild auch weiterhin der Mittelpunkt des Vortrags und geben sich die kontakthaltende Blickrichtung vor. Dafür ist es unabdingbar, die Inhalte der Folien bestens zu kennen und frei referieren zu können. In der Grundhaltung stehen Sie im Abstand *einer Armlänge* neben dem Overheadprojektor.

Anmerkung: Um in der aufrechten Frontalstellung zu bleiben, sollten Sie das Gerät und Ablageflächen erreichen, ohne sich dabei bücken oder gar umdrehen zu müssen.

Tipp: Wenn Sie mit einem Stab oder Stift arbeiten, halten Sie ihn waagerecht auf Taillenhöhe vor den Körper. Dadurch wird er zur Geste – und wirkungsvolle Gestik findet stets oberhalb der Taille statt.

Um die zuvor beschriebenen Elemente körpersprachlicher Präsenz irritationsfrei einsetzen zu können, ist es erforderlich, den »Arbeitsplatz Overheadprojektor« im Vorfeld zu organisieren.

Der Standort des Gerätes sollte so gewählt werden, dass Sie es als Rechtsoder Linkshänder »bedienen« können, ohne um den OHP herumgehen zu müssen. Verlegen Sie die Kabel so, dass Ihnen frei zugängliche Laufwege für die Gehmuster bleiben. Das Medium sowie die Folien sollten sich auf Greifhöhe befinden. Oftmals allerdings sind integrierte Projektoren auf Tischhöhe angebracht, was Sie zum Niederbeugen veranlasst. Hierbei empfiehlt es sich, weiterzusprechen, um keine Pause entstehen zu lassen.

Auf der Folie arbeiten

Schreiben Sie direkt auf der Folie, führen Sie mit der »freien« Hand aussagekräftige Gesten aus, die Bewegung in das »statische Stehen« bringen. Lebendiges Sprechen – Wechsel der Lautstärke und des Tonfalls, wirksame Pausen und eine akzentuierte Aussprache – bringt zusätzlich Bewegung in Ihre Mimik.

Bei dieser Vorgehensweise sollten Sie üben, gleichzeitig sprechen und schreiben zu können. Außerdem ist es auch bei diesem Medium sinnvoll zu beachten: je weniger Text auf einer Folie, desto einprägsamer.

 Tipp: Kommentieren Sie stets Ihr Tun, um die »stille« Umgebung (Beleuchtungsverhältnisse und statisches Anschauungsmaterial) zu beleben.

Eng am Körper geführt werden die Gesten. Mit dieser leicht seitwärts ausgerichteten Position halten Sie immer noch Kontakt zum Publikum.

Mit der Projektionsfläche arbeiten

Wenn Sie sich als Mittler zwischen Projektionsfläche und Publikum begreifen, ergibt sich daraus Ihr »Auftrittsweg«. Bei Standpausen sollten Sie nicht zu nahe an die Wand treten (einige Redner lehnen sich dann gerne noch leger an), da das den Abstand zu den Teilnehmern vergrößert und Sie aus dem unmittelbaren »Blickfeld« rücken. Ähnlich ungünstig ist es, zu weit nach vorn in den Publikumsbereich zu treten und den Overheadprojektor damit in den Hintergrund zu verweisen.

In der Anfangsphase eignet sich der Stab als gute Alternative zur Gestik. Er bereitet die Zuschauer auf das Geschehen vor: Themenwechsel, Wichtigkeitsgrad. Zudem gibt es Ihnen Halt und Stringenz, wenn er eng am Körper geführt wird.

Halten Sie den Stab locker mit beiden Händen. Um Bewegung im Stand zu erzeugen, heben und senken Sie dieses gestische Gebilde im Tempo Ihrer sprachlichen Betonungspunkte.

Da Sie die Aufgliederung kennen, genügt zur Orientierung hin und wieder ein Blick auf die Fläche. Wollen Sie jedoch Zusammenhänge erläutern, beispielsweise Tabellen oder Grafiken, dann leiten Sie dies am besten mit einer einladenden Kontaktgeste ein, sodass Ihr Publikum sich mit Ihnen trotz des fehlenden Blickkontakts »vereint« fühlt.

Sie bleiben weitgehend in Frontalstellung, setzen Gestik ein und zeigen auch mimisch die Aufmerksamkeit fesselnde Präsenz.

Tipp: Wann immer Sie auf die Leinwand schauen, drehen Sie sich mit dem ganzen Körper seitwärts. Nur den Kopf zu bewegen erzeugt bei Ihnen Verspannungen, und die Zuschauer bewerten diese »halbe« Bewegung negativ.

Zur Abwechslung legen Sie vor dem Folienwechsel eine Phase des freien Referierens ein. Damit schaffen Sie klare Übergänge und können verstärkt wieder den ganzen Körper als Ausdrucksmittel einsetzen. Sie liefern damit nicht nur ein neues Bild, sondern auch eine willkommene Unterbrechung.

Stift oder Stab halten Sie nur mit den Fingerspitzen, das verstärkt eine akzentuierte Gestik.

Tipp: Aufgrund der Komplexität des »Auftritts« empfehlen sich vorab Überlegungen zu den körpersprachlichen Abläufen wie Bewegung im Stand, mögliche Gehmuster und gestische Höhepunkte. Diese Gestik sollte vor allem nach einer längeren Zeit des »stillen« Betrachtens erfolgen.

Um Ihren Folienvortrag positiv abzuschließen, konzentrieren Sie sich auf Ihre Gestik und Mimik und bleiben körperlich in Bewegung. Damit signalisieren Sie, dass Schwung in Ihrem Vortrag ist und dass es weitergeht. Wenn Sie nun das Gerät ausschalten, sind die Zuschauer noch aktiviert, und für die eigentliche Beendigung beziehungsweise Verabschiedung bleibt gebührender Raum.

Eine Performance bis zum (guten) Schluss.

🖈 ***Tipp:*** Schalten Sie den Overheadprojektor zum Ende der Vorführung nicht wie nebenbei aus, während Sie noch letzte Erläuterungen geben oder sich bereits verabschieden. Das schafft bei den Teilnehmer Unruhe und wertet selbst einen gelungenen Vortrag ab.

Vortrag und Präsentation mit dem Beamer

Es gibt verschiedene Situationen, in denen Sie mittels Beamer präsentieren und vor kleinem oder größerem Publikum körpersprachliche und sprachliche Präsenz zeigen müssen. Verwenden Sie den Beamer um Videosequenzen zu projizieren, beleben bereits die »bewegten« Bilder Ihren Wortbeitrag. Der Einsatz körpersprachlicher Ausdrucksmittel kommt hierbei hauptsächlich in den Übergangsphasen zum Einsatz. Weitaus schwieriger wird eine Performance, die Sie einer einzigen Person vorführen, in der so genannten Face-to-face-Situation, weil Sie mit der Farbigkeit oder Lebendigkeit des Mediums konkurrieren müssen.

Eine weitere Steigerung der Vortragspräsenz ist erforderlich, wenn mehrere Teilnehmer anwesend sind, deren Aufmerksamkeit vielleicht durch die Handhabung der eigenen Notebooks gebunden ist, bei denen Sie sich aber trotzdem im vollen Umfang »Gehör« verschaffen müssen.

Grundsätzlich gilt, dass Sie als Vortragender ebenso im Blickfeld stehen sollten wie die projizierten Vorlagen. Das erreichen Sie, indem Sie nur prägnante Informationen bildlich darstellen und somit »gezwungen« sind, die meiste Zeit verbal zu erläutern. Das hat den Vorteil, dass Sie Publikum und Screen gleichzeitig im Auge behalten können.

Durch das Bedienen des zusätzlichen Mediums »Notebook« ist Ihr körpersprachlicher Ausdruck allerdings eingeschränkt, auch wenn Sie nur eine Fernbedienung in der Hand halten. Machen Sie sich bewusst: Trotz aller Technik erreichen Sie die Menschen über Emotionen – und die wecken Sie durch abwechslungsreiches Sprechen, Humor und energiegebende Körperbewegungen wie Gehmuster, Mimik und ausdrucksstarke Gestik. Welche Mittel Sie jeweils einsetzen, hängt von der Anzahl der Anwesenden, aber auch von der Sitzordnung ab. Dieses Kapitel behandelt die drei gängigsten Varianten.

Die kleinste Einheit – Face to face

Führen Sie die Präsentation einer einzelnen Person vor, befinden Sie sich in der so genannten Face-to-face-Situation. Um Dynamik zu erzeugen und das Interesse des anderen konstant zu fesseln, richten Sie es so ein, dass Sie und Ihr Partner sich gegenüberstehen. Dabei lassen Sie ausreichend Bewegungsfreiraum zur Projektionsfläche hin, um auch einmal hinter dem Notebook hervortreten zu können und die Gestik zu intensivieren. Legen Sie größten Wert auf den permanenten Blickkontakt und zeigen Sie sich in einer offenen Körperhaltung, das heißt, Sie wenden Ihrem Gegenüber stets die Vorderseite zu. Der Mimik kommt als bewegendes Ausdrucksmittel in dieser medialen Vortragssituation besondere Bedeutung zu, da für die Gestik meistens nur eine Hand zur Verfügung steht.

Auch wenn Sie Ihren Wortbeitrag visuell angereichert haben durch die Projektion, sind Sie als Person das tragende Element zur Aufnahme der geistigen Inhalte. Bauen Sie also Ihre Präsentation so auf, dass Sie einen Sachverhalt oder Begriff eindrücklich durch die gestische Darstellung transparent machen. Neben aller fachlichen Kompetenz wird ein gelungener Vortrag auch immer auf der emotionalen Ebene beurteilt.

Auch wenn Sie die Technik bedienen, können Sie kleine Gesten zur Belebung des Vortrags einbauen. Das schafft kommunikative Nähe zu Ihrem Gesprächspartner.

Vor einem größeren Publikum

In diesem Rahmen ist die Anordnung von Vortragsstandort und Medien – wie Beamer, Fernbedienung und Notebook – Grundlage für eine eindrucksvolle Performance. Nichts stört den Ablauf eines Vortrags so sehr wie herumliegende Kabel – über die jemand erst hinwegsteigen muss, und jeder befürchtet, der Redner könnte stürzen – oder im Sichtbereich befindliches Kabelgewirr, das die Zuschauer ablenkt.

Bedenken Sie die »Bühnensituation«, bei der alles wahrgenommen wird, was sich dem Blick bietet. Sie, als Redner, sollten sich derart platzieren, dass die Projektionsfläche seitlich hinter Ihnen ist. Die Ablagefläche für das Notebook muss so hoch sein, dass Sie es in aufrechter Haltung bedienen können, um ungeschicktes Bücken zu vermeiden. Durch die Anordnung der verschiedenen Medien ist der Bewegungsradius weitgehend abgesteckt. Um dennoch Stand- oder Gehmuster vollziehen zu können, bietet sich dafür jeweils der Beginn einer neuen Sequenz an. Während dieser Zeitspanne verlassen Sie Ihren Standort und bewegen sich auch einmal weiter nach außen (mit zuvor festgelegtem Gehmuster) und bauen bildhafte Gesten ein, entweder mit einer Hand oder beidhändig.

Medien ersetzen nicht die Performance – referieren Sie zwischendurch mit vollem Einsatz der Körpersprache.

Sitzordnung im Kreis oder in der U-Form

Bei dieser Anordnung steht der Beamer in der Mitte des Tischkreises oder in der Lücke des offenen Halbkreises. Oftmals wird in dieser Formation von wechselnden Teilnehmern präsentiert, die jeweils ihr Notebook vor sich haben. Die Kunst besteht nun darin, den Blickkontakt aufzuteilen, und zwar schauen Sie mit »einem Auge« auf den Bildschirm, mit dem anderen erfassen Sie die Anwesenden. Um als vortragende Person nicht »unterzugehen«, vermeiden Sie auf jeden Fall, der Blickrichtung der Anwesenden zu folgen und selbst auch auf die Projektion zu schauen. Lenken Sie die Blicke immer wieder auf Ihre Person, denn was sich bewegt, das weckt Interesse!

Screen und Publikum – das bleiben Ihre Bezugspunkte. Dass die Projektionsfläche auf eine bestimmte Wand festgelegt ist, hat dann Auswirkungen, wenn sich Ihr Platz »hinten« in der Runde befindet und die Blickrichtung der Teilnehmer nach vorn festgelegt ist. In solchen Fällen müssen Sie die Aufmerksamkeit immer wieder neu erringen. Das gelingt, wenn Sie einerseits nur Headlines zeigen, die einer ausgiebigen Erläuterung bedürfen, und andererseits aus einer herausgehobenen Standposition referieren. Hierbei sollten Sie allerdings beachten, sich nicht zur vollen Größe aufzurichten, weil sonst der Unterschied zu den Sitzenden »bedrohlich« wirken kann.

Es empfiehlt sich, den Teilnehmern in der Standposition körpersprachlich entgegenzukommen, indem Sie die Hände auf der Armlehne abstützen. Aber auch wenn Sie von einem vorderen Platz aus referieren, ist die Haltung im Stand auf jeden Fall wirkungsvoller als im Sitzen, da das Notebook den größten Teil Ihres Oberkörpers verdeckt und im Stehen bekanntlich die Energie besser fließt.

> *Tipp:* Stellen Sie sich hinter Ihren Stuhl, wenn Sie präsentieren, das garantiert das Interesse der Anwesenden auch über eine längere Zeit. Bauen Sie in den Abständen zwischen den projizierten Bildern einen Freiraum ein, in dem Sie sich auch einmal von ihrem Stuhl lösen können, um Ihre Ausführungen bildhaft durch (vorher konzipierte) Gestik zu machen.

Sollte sich die Teilnehmerrunde nicht dafür eignen im Stand zu referieren, müssen Sie es schaffen, im Sitzen Lebendigkeit zu vermitteln. Voraussetzung dafür ist eine absolut aufrechte Haltung, in der der Rücken abgestützt ist, weil Sie sich sonst auf Dauer verspannen. Die Füße stehen dabei fest auf dem Boden. Mit der freien Hand können Sie nun gestisch die Inhalte bekräftigen und halten damit sich und den Vortrag »in Bewegung«.

In dieser Vortrags-
position muss die Gestik
zwangsläufig entfallen.
Bewegung signalisieren
Sie durch verstärkte
Mimik und modulierendes
Sprechen.

In der Sitzposition agieren
Sie mit untermalender
Gestik und verschaffen
sich als Person sowie
den Inhalten die nötige
Aufmerksamkeit.

Sind wir innerlich überzeugt von unseren Worten, zeigt sich das (fast automatisch) auf unserem Gesicht. Die Mimik ist also ein weiterer Ausdrucksfaktor, der Bewegung bringt. Einher damit geht auch die Kopfhaltung, die sich je nach Gefühlslage »bewegend« verändert.

Sind Sie jedoch jemand, der normalerweise den Mund beim Sprechen nur wenig öffnet und die Lippen kaum bewegt, so müssen Sie methodisch nachhelfen durch modulierendes Sprechen – das erfordert, dass wir den Mund weit öffnen, die Lippen formen und damit Muskeln in Bewegung setzen. Ihre Aussprache wird nicht nur interessant, sondern auch deutlich.

Tipp: Um eine lebhafte Mimik zu erzeugen, üben Sie vor dem Spiegel modulierendes Sprechen und beobachten dabei Ihr Mienenspiel. Es wird eine Zeit lang dauern, bis Sie die neue Sprechweise in Ihren natürlichen Sprechrhythmus integriert haben. Es lohnt sich: Ihnen wird zugeschaut, und Sie werden gut verstanden.

Achten Sie aber unbedingt darauf, die Lippenbewegungen nicht zu übertreiben, das heißt, öffnen Sie den Mund nicht ständig bis zum »Anschlag«, sonst wirkt Ihr Sprechen künstlich. Zuschauende verlieren dabei das Interesse, weil sie sich nicht ernst genommen fühlen.

Der Mimik, als körpersprachlichem Ausdrucksmittel, kommt gesteigerte Bedeutung im Sitzen zu

Tipps und Tricks
für Anwender und Trainer

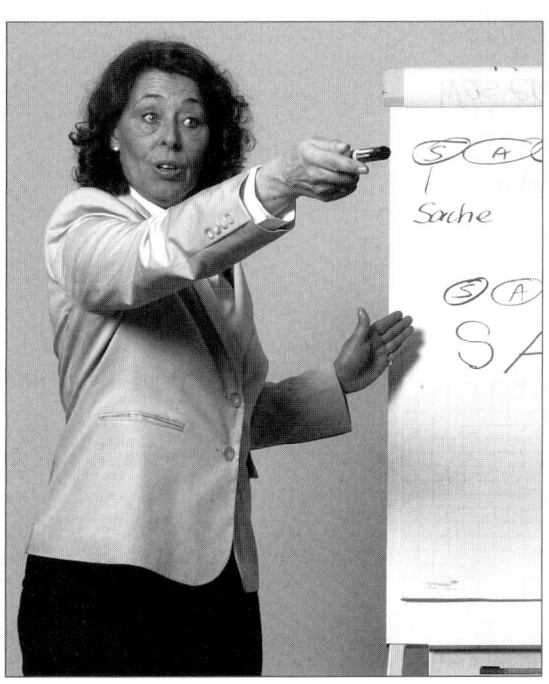 

Die Theorie ist eine solide Basis, auf der die praktischen Erfahrungen »wachsen« können. Daraus kann sich mit der Zeit ein eigener Stil entwickeln. Je bewusster die einzelnen Komponenten reflektiert, verstärkt oder verändert werden, desto weniger Störfaktoren bringen Vortragende ein.

Dieses Kapitel wendet sich gegen die Muster von eingeschliffener Routine. Es behandelt einige wesentliche Störfaktoren und gibt konkrete Gegenstrategien an die Hand. Die praktischen Tipps und Tricks aus dem Berufsalltag kann jeder, der Wert auf eine interessante und klare Kommunikation legt, für sich verwenden.

Den »Blick für die differenzierte Ausdrucksweise des Körpers« sollten Sie bereits erworben haben, um die beschriebene Videoanalyse und das Auflösen von Blockaden zu praktizieren. Dieses Kapitel richtet sich daher vor allem an Trainer und Coaches.

Negativ wirkende Mimik, Gestik und Haltung vermeiden

Vor Zuschauern oder in der Gruppe vorzutragen, lenkt unweigerlich die volle Aufmerksamkeit auf die Person. Jede einzelne Ihrer Regungen wird aufmerksam beobachtet und in den unmittelbaren Zusammenhang zum vorgetragenen Inhalt gestellt sowie auf die Stimmigkeit hin überprüft. Irritation und Missverständnisse rufen hierbei alle negativ besetzten körpersprachlichen Signale hervor. Einige der am häufigsten verwendeten Komponenten, mit ihren Auswirkungen, seien hier aufgeführt.

Ausgeprägtes Kopfschütteln

Ständiges Kopfschütteln, während Sie vortragen, sollten Sie unbedingt vermeiden, da Sie sonst immer wieder das Gesagte für das Publikum in Frage stellen. Diese Bewegung wirkt bisweilen sogar kindlich und wird als stark emotional und unsachlich eingestuft. Die Zuschauer brauchen Zeit, wieder Vertrauen in Ihre Ausführungen aufzubauen.

Gegenstrategie: Falls Sie wissen, dass Sie dazu neigen, sollten Sie den Bewegungsdrang des Kopfes »umleiten« auf eine relativ feststehende Geste. Hier empfiehlt sich die Variante Basishand (s. S. 110f.), da Sie mit dieser Formation den Bewegungsschwerpunkt vor den Körper verlagern. Des Weiteren können Sie mit dieser Geste die Sprechenergie als strukturierte Bewegung »abarbeiten«.

Faxen machen oder Grimassen schneiden

Faxen und Grimassen sollten Sie grundsätzlich unterlassen. Selbst wenn Sie diese als Pausenfüller nutzen oder um Humor in Ihren Vortrag zu bringen. Es wirkt einfach irritierend.

Ein häufiger zu beobachtendes Beispiel finden wir bei dem Redner, der unangemessen lange in seinen Unterlagen sucht und trotzdem die Aufmerksamkeit des Publikums erhalten will. Dafür setzt er alles ein: Mit hochgezogenen Schultern bittet er zunächst nonverbal um Nachsicht. Dauert der Suchvorgang jedoch länger an, kommt die Mimik mit ins Spiel: Die Augen weiten sich, die Brauen gehen nach oben, und der Mund verzieht sich zu einem aufgesetzten (gequälten) Lächeln. Gleichwohl sich das Bild eines Clowns aufdrängt, sind die Zuschauer wenig belustigt. Sie können zwar Mitleid empfinden, wollen am liebsten selbst zupacken und werden ungeduldig oder sogar ungehalten.

Gegenstrategie: Statt nonverbal zu agieren, eben durch eine vermeintlich unterhaltsame Mimik und durch Körperbewegungen, wählen Sie besser das gesprochene Wort. Sorgen Sie dafür, in diesen Notfällen auf eine Anekdote zurückgreifen zu können, oder wählen Sie ein Zitat, das zum Nachdenken beziehungsweise zum Schmunzeln einlädt. Tragen Sie diese Pausenfüller durchaus humorvoll vor, aber halten Sie Ihre Mimik dabei im Zaum. Bemerken Sie beispielsweise: »Was lange währt, wird endlich gut!«, kann sich der Humor im Tonfall und in der Betonung ausdrücken. Das Gesicht bleibt dabei unbewegt, denn damit schaffen Sie wieder einen sachlichen Übergang zu den bevorstehenden Ausführungen.

Die Faust ballen

Die geballte Faust als Drohgeste zeigt immer den Aspekt der Gewalt. Auf die Zuschauer wirkt diese Handhaltung grundsätzlich bedrohlich. Außerdem erzeugt allein die unkontrolliert zur Faust geballte Hand, auch wenn sie auf dem Tisch abgelegt wird, bei Ihnen selbst eine negative Spannung und blockiert das Denken. Ein weiterer Aspekt kommt hinzu, nämlich dass die Zuschauer den Eindruck gewinnen können, Sie hielten etwas fest beziehungsweise etwas zurück. Ungewissheit im körpersprachlichen Ausdruck erzeugt stets ein zwiespältiges Empfinden.

Gegenstrategie: Grundsätzlich gilt: Eine geballte Faust verhindert immer eine friedliche und erfolgreiche Kommunikation! Wird also die Hand unkontrolliert (und dazu noch bei allen Gelegenheiten) zur Faust formiert, drückt das eine innere Spannung aus. Um sich einmal dieser Verspanntheit bewusst zu werden und diese blockierende Geste wieder zu verlernen, ballen Sie beide Hände mit aller Ihnen zur Verfügung stehenden Kraft. Halten Sie diese Formation, so lange Sie können. Dann lösen Sie die Fäuste sehr langsam und bewusst auf. Das erleichternde Gefühl der eintretenden Entspannung verstärken Sie nun noch, indem die Hände auf eine feste Unterlage sinken. Sie belohnen sich also mit »Schwerelosigkeit« und das ist auch das Gefühl, welches Sie abrufen, sobald sich die Hand zur Faust ballen will.

Dem Spieltrieb nachgeben

Sicher haben Sie Redner erlebt, die unentwegt mit ihrem Kugelschreiber klicken, die Brille abnehmen, nur um sie sogleich wieder aufzusetzen, oder ständig Blätter hin- und herschieben, den Stapel aufgreifen und Kante auf Kante ausrichten – und sich anschließend wundern, dass keiner so richtig zugehört hat. Der Grund dafür ist, der Redner selbst hat die Zuschauer abgelenkt. Vernehmen wir nämlich die gesprochenen Worte und sehen dazu die Bewegungen, schenken wir dem visuellen Eindruck mehr Aufmerksamkeit. Der Redner selbst bemerkt sein Vorgehen nicht, denn das unbewusste Hantieren entspringt dem Bedürfnis nach Konzentrationshilfe.

Aus dem Ablenken kann aber auch ein Kopieren werden, wenn der Vortragende beispielsweise heftige Wippbewegungen mit dem Fuß macht. Und zwar selbst dann, wenn es vermeintlich unbemerkt unter dem Tisch geschieht. Diese Bewegungen übertragen sich auf den ganzen Körper, und entweder schalten die Zuschauer dann ab (und entziehen sich dem Schauspiel) oder sie beginnen ebenfalls mit den Füßen zu wippen. Das allerdings führt über kurz oder lang dazu, dass sie sich aus Gründen zunehmender Nervosität den Ausführungen entziehen.

Gegenstrategie: Zunächst beobachten Sie sich, ob Sie in irgendeiner Weise zu dem beschriebenen Spieltrieb neigen. In sitzender Position an einem Tisch vermeiden Sie jegliches Hantieren mit Gegenständen, wenn Sie die Hände locker auf der Tischoberfläche ablegen (das gilt übrigens gleichermaßen für das Vortragen an einem Rednerpult). Um aber auch eventuelles Trommeln der Finger zu umgehen, positionieren Sie die Hand mit dem Gewicht auf die Handkanten. Von dieser Haltung aus ist es dann leicht möglich, die Hand anzuheben und in Gestik überzugehen.

Rund um das Manuskript

Ablesen des Redetextes

Ein reines Ablesen des Vortrages verführt dazu, zu schnell zu sprechen mit der Auswirkung, dass die Zuhörer die Inhalte gedanklich nicht mehr verarbeiten können und schließlich abschalten. Da ein Redner aber auf das Energie-Feedback der Zuhörer angewiesen ist – das äußert sich durch direkten Blickkontakt, die leichte Schräghaltung des Kopfes signalisiert »Ich höre aufmerksam zu« und gelegentlichem Kopfnicken –, läuft der Vortrag bei Reglosigkeit buchstäblich ins Leere. Außerdem verlieren Sie den Blickkontakt, wenn Sie ständig nur ablesen und stellen somit kaum verbindende »Gemeinsamkeit« her.

Gegenstrategie: Wenn Sie Ihren Beitrag ablesen müssen, dann setzen Sie unbedingt Gesten ein, denn dadurch entstehen Sprechpausen. Sie können ins Publikum schauen, drosseln zudem das Vortragstempo. Diese Vorgehensweise eignet sich besonders für Personen, die zum Schnellsprechen neigen.

Außerdem sollten Sie eine Lesetechnik einsetzen, die es Ihnen ermöglicht, einen häufigeren Blickkontakt zu den Anwesenden herzustellen. Wenn Sie einmal darauf achten, werden Sie feststellen, dass Sie beim Lesen das letzte Drittel oder Viertel eines Satzes bereits erfasst haben, während Sie sich noch in der Satzmitte befinden. Vertrauen Sie also Ihren Sinnen und sprechen Sie die bereits wahrgenommenen Wörter aus, während Ihr Blick ins Publikum wandert. Damit Sie den Faden nicht verlieren, fahren Sie begleitend mit dem Daumen am Blattrand entlang.

So wissen Sie immer, in welcher Zeile Sie gerade sind, falls Sie unterbrechen wollen, um auf Nachfragen oder Einwände einzugehen.

Umblättern des Manuskriptes

Das Umblättern der einzelnen Seiten im fließenden Vortrag sollte keine Pause entstehen lassen, wenn sie thematisch nicht sinnvoll ist.

In den meisten Fällen bestehen die Vortragsunterlagen aus einer losen Blattsammlung. Obwohl diese (hoffentlich) durchnummeriert ist, kann Unruhe oder Aufgeregtheit einen Redner im wahrsten Sinne des Wortes aus dem Konzept bringen. Wird er von Seiten des Publikums gestört oder muss er in freier Rede zusätzliche gedankliche Passagen entwickeln, schieben manche Menschen die Blätter hin und her oder kneten sie (das dient zur Konzentration). Dabei passiert es durchaus, dass die Reihenfolge seines Manuskripts durcheinanderkommt. Sobald dem Sprecher dieser Sachverhalt auffällt, verliert er die Ruhe und natürlich auch die Übersicht. Wortlos sortiert er die Seiten. Das Publikum wartet. Um den roten Faden wieder aufzugreifen, sollte der Redner (während er sortiert) das Publikum verbal auf den Sachverhalt vor der Störung zurückführen.

Ein weiterer Aspekt, den es zu berücksichtigen gilt, ist die Nähe eines *Mikrofons*: Raschelndes Papier bringt schnell Unruhe. Lose Blätter verführen zudem dazu, sie während des Vortragens hin- und herzuschieben. Ein echter Störfaktor.

Gegenstrategie: Bauen Sie in Ihren Vortrag die Übergänge so ein, dass Sie einen vorher festgelegten Satz »freier Rede« einsetzen, eine rhetorische Frage stellen oder ein Statement in Richtung Publikum abgeben. Dann können Sie eine kurze Pause einlegen und die nächste Seite greifen. Um das Rascheln von Papier zu vermeiden, verwenden Sie besser große Karteikarten oder zumindest ein schwereres Papier.

Ein Hantieren mit Ihren Unterlagen vermeiden Sie, wenn Sie beim Sprechen die Hände leicht auf die Pultplatte legen, mit dem Gewicht auf die Ballen. So können sie jederzeit wieder in Gestik übergehen.

Der Umgang mit Karteikarten

Karteikarten aufnehmen und ablegen will geübt sein, denn halten Sie diese während des Vortrags in den Händen, verhindert das eine »freie« Gestik, und Sie bieten den Zuschauern eine geschlossene und damit steife Körperfront (s. S. 114f.).

Wer sich keine Gedanken darüber macht, wo er die Karten eventuell aus der Hand legen kann, ist ganz auf sein Improvisationstalent angewiesen. Ein Beispiel dafür, dass improvisieren nicht immer ausreicht: Geradezu belustigend ist es, wenn ein Redner während des Vortragens die Karten wie beiläufig in seine Jackettasche manövrieren will. Entweder passt das Format nicht oder er kommt über das Hindernis der Eingriffsklappe nicht hinweg. Die fehlgeschlagenen Versuche erzeugen sichtbare Nervosität. Die Konzentration auf das bewusste Einstecken hinzulenken, bei dem er sich hinabbeugen, die Taschenklappe hochhalten und die Karten verstauen müsste, erlaubt er sich nicht. Er weiß, dass dann sein Gedankenfluss und auch der verbindende Blickkontakt unterbrochen sind. Die Zuschauer hingegen amüsieren sich längst verhalten und folgen seinen Ausführungen nur noch halbherzig (hier böte sich eine humorvolle und schlagfertige Unterbrechung an). Um nun den »ärgerlichen Verursacher« aus dem Blickfeld zu räumen (aus dem eigenen und dem der Zuschauer), verschränkt der Redner die Hände auf dem Rücken und referiert in einer schmerzhaft werdenden, verspannten Körperhaltung weiter. Erst wenn er wieder von einer Karte ablesen muss, holt er die Arme nach vorn und lockert die Haltung.

Doch auch wenn eine Ablagefläche für die Karten vorhanden ist, vermeiden Sie unbedingt, sich auch nur für wenige Minuten ganz dem Aufnehmen oder Ablegen »hinzugeben«, was häufig aus Verlegenheit oder zur erneuten Konzentration »genutzt« wird. Sie lassen die Zuschauer in dieser Zeitspanne allein, deren Konzentration kann sich abschwächen, und immer wieder Anschluss zu finden verursacht Mühe.

Gegenstrategie: Sorgen Sie daher besser für eine Ablagefläche, die mindestens hüfthoch sein sollte und sich seitlich von Ihnen befindet. Der Vorteil ist, dass Sie sich nicht bücken müssen, denn diese Haltung wirkt linkisch. Die mit wenigen Stichworten versehenen Karten sind deutlich durchnummeriert und am jeweiligen Themenende mit einem dicken roten Strich gekennzeichnet – Zeitpunkt für eine Pause oder eine Zusammenfassung.

Gekonnt und elegant für die Betrachter ist es, wenn Sie beim Ablegen und Aufnehmen mit der freien Hand beim letzten Satz eine Geste machen. Das kann die geöffnete Hand sein (die Handinnenfläche zeigt nach oben), die Sie im leichten Bogen von der Brust aus zur Seite führen. Die Zuschauer werden Ihre Geste beachten, und da diese Bewegung länger andauert als das gesprochene Wort, haben Sie Zeit zur Ablage und schaffen einen Übergang, bei dem Sie selbst im Fluss bleiben (durch die Bewegung).

Haben Sie keine Möglichkeit zur Ablage der Karten, probieren Sie aus, ob sich die Jackenaußen- beziehungsweise Innentaschen als Aufbewahrungsort eignen. Das Herausnehmen oder Verstauen der Karten sollten Sie unbedingt vorher ausprobieren, damit Sie die Reihenfolge und Handgriffe organisieren können, um ein nervöses »Nesteln« vermeiden.

Bleibt Ihnen aber keine andere Wahl, als die Karten in der Hand zu halten, dann bitte nur mit einer Hand! Um auch hier für Varianten zu sorgen, wechseln Sie schon einmal die haltende Hand.

Lampenfieber minimieren

Vortragsort kennenlernen

Vor jedem Auftritt, sei es eine Rede, ein Vortrag, eine Präsentation oder eine Moderation, machen Sie sich nach Möglichkeit vorher mit dem Raum vertraut. Dazu platzieren Sie sich an die Stelle, von der aus Sie sprechen wollen, und prüfen, wie gut die Akustik ist und wie weit Ihre Stimme ohne technische Hilfsmittel trägt. Sprechen Sie ins Mikrofon, testen Sie die Empfindlichkeit, um ein Gefühl dafür zu bekommen, wie Sie das Rascheln von Papier minimieren können. Außerdem prüfen Sie, wie weit Sie sich vom Mikrofon entfernen können, um noch gehört zu werden. So können Sie Ihren Aktionsradius für Bewegungsmuster abstecken. Haben Sie ein Gehmuster konzipiert, probieren Sie es aus und beachten dabei, wo Kabel verlegt sind oder wo sich Engpässe befinden.

Wenden Sie diese Vorgehensweise jedes Mal an, damit sich Routine einstellt und Sie sich dann mit wenigen Handgriffen an den unterschiedlichsten Vortragsorten optimal »einrichten« können.

Das Publikum visualisieren

Als »reale« Vorbereitung stellen Sie sich in der Grundstellung in Position, atmen einige Male lockernd tief durch und lassen den Blick durch den Zuschauerraum schweifen. Sie lernen ihn dadurch räumlich kennen, und was uns bekannt ist, macht weniger Angst. Schließen Sie kurz die Augen und stellen sich auf jedem der Stühle eine Person vor. Sie visualisieren freundliche Mienen, die Sie anschauen (damit erzeugen Sie ein freudiges und gleichzeitig entspannendes Gefühl). Das Visualisieren ist das geistige Durchspielen einer zu erwartenden Situation, die bei Angstgefühlen oder Unsicherheit zuvor öfters geübt werden sollte. Gelingt es Ihnen also, einen positiven Verlauf auf der emotionalen Ebene herzustellen, schaffen Sie beste Voraussetzungen dafür, dass sich in der Realität dann ebenfalls eine gelungene Kommunikation einstellt.

Sie öffnen die Augen und ziehen im Geiste eine Halbkreislinie über die angeordneten Sitzreihen. Mit der Methode der 5-Punkte-Blicktechnik in den verschiedenen Variationen (s. S. 112f.) praktizieren Sie den strukturierten Blickkontakt, währenddessen Sie einige Sätze Ihres Vortrags laut sprechen.

Authentizität entlastet

Bereiten Sie sich auch innerlich auf das Ereignis vor und gestatten Sie sich selbst eventuelle Hemmnisse. Allein dieser Umstand kann schon zur Entkrampfung führen und damit das Lampenfieber minimieren. Um innere Blockaden einigermaßen zu überwinden, ist es hilfreich, wenn Sie über eine gute Portion Schlagfertigkeit (kann man üben oder sich einige passende Phrasen zurechtlegen) und Humor verfügen.

Wie solch ein Verlauf aussehen kann, schildert das folgende Beispiel: Kennen Sie das? Sie sind bestens vorbereitet, haben die Aufregung im Griff, wollen gerade ansetzen – und kein Wort kommt über Ihre Lippen. Das Einzige, was Sie jetzt mit dem Publikum verbindet, ist stummes Erstaunen. In diesen Momenten beginnt Ihr Verstand die Blockade zu realisieren. Während das Publikum noch gespannt wartet (man könnte meinen, es will Sie mit Blicken zum Sprechen bringen), spüren Sie Ihre Hilflosigkeit. Und genau hier setzt Professionalität ein. Was aber heißt das, professionell zu reagieren? Mit Authentizität (Sie selbst sein mit all Ihren Empfindungen) und einer guten Portion Schlagfertigkeit akzeptieren Sie die Blockade, und indem Sie sich sagen: Gut, ich weiß nicht weiter ..., ist bereits der erste Schritt zur Entkrampfung getan. Mit humorvollen Worten gehen Sie auf das Ereignis ein, etwa: »Löst sich erst einmal die hemmende Wirkung, kommt es zum Fließen, zum Handeln, und das bedeutet für unser heutiges Thema ...«, und so haben Sie gleichzeitig einen schwungvollen Einstieg in Ihren Vortrag geschafft. Die Zuhörer fühlen sich wie erlöst. Dieses gemeinsame Erleben einer überwundenen Hemmung hat verblüffende Wirkung: Es ruft den gestärkten Willen des Publikums hervor, Ihnen und Ihren Worten wohlwollend zu folgen. Man kann sagen, dass Sie Ihre Schwäche (erlebte Blockade) in eine Stärke (humorvoller, authentischer Einstieg) umgewandelt haben.

Das Vortragen

Sprechen

Ein gutes Sprechen erfordert Methode. Setzen Sie in jedem Satz so genannte Betonungspunkte. Das sind die einzelnen Worte, die der Verständlichkeit halber hervorgehoben werden müssen. Zusätzlich verhindern Betonungspunkte, in Sprechmonotonie zu verfallen.

Sprechen Sie innerlich die Satzzeichen mit, Sie erleichtern dem Publikum den Sinnzusammenhang. Das ist dann auch zu hören: Bei einem Komma oder Doppelpunkt geht die Stimme hoch, damit weiß jeder, der Satz geht weiter. Erst bei einem Punkt senken Sie die Stimme ab und machen eine deutliche Pause, bevor Sie neu ansetzen.

Einschübe, getrennt durch Kommata oder Beistriche, verlangen neben dem Hochgehen der Stimme kurze Sprechpausen. Das Gleiche gilt für einzelne, betonte oder kompliziert auszusprechende Wörter, die extrem langsam gesprochen werden.

Jede Wortendung sollte zu hören sein. Diese artikulierte Sprechweise verlangsamt Ihr Tempo und fördert das Verstehen. Aus dramaturgischen Gründen wechseln Sie auch einmal die Lautstärke und das Sprechtempo. Das weckt Emotionen, die allerdings an den jeweiligen Stellen sinnvoll sein sollten. Ist dies allerdings nicht der Fall, ist das Publikum irritiert, und Ihre nachfolgenden Sätze verhallen ungehört, weil das Gehirn den erzeugten Widerspruch erst verarbeiten muss.

Mit Versprechern umgehen

Versprecher können vorkommen und sollten Sie nicht aus dem Konzept bringen. Eine Methode ist, den Versprecher ungerührt zu übergehen, weil das Publikum meistens weiß, was Sie meinen. Sie können aber auch mimisch auf die Wortverwechselung eingehen, lächeln oder schmunzeln Sie, ziehen kurz die Augenbrauen hoch und fahren in Ihrem Text fort.

Wenn die Zuhörer Sie allerdings fragend anschauen, wählen Sie den Weg der humorvollen, intelligenten Einlage, bei der Sie auch noch Ihre Schlagfertigkeit unter Beweis stellen können.

Ungeschickt ist es, wenn Sie sich entschuldigen, bevor Sie neu ansetzen. Damit geben Sie der Angelegenheit zu viel Gewicht, und das Publikum wird diesen Vorfall negativ im Gedächtnis behalten, egal, wie gut Ihr Vortrag war.

Sie können aber auch gestisch auf den Versprecher eingehen, beispielsweise indem Sie eine Hand heben, was so viel bedeutet wie: »Stopp, auf ein Neues!«, oder eine kurze wegwischende Handbewegung machen mit der Bedeutung des Auslöschens.

Zu vermeiden sind Kopfschütteln, den Mund ärgerlich verziehen oder einen unwilligen Laut von sich zu geben. Das wirkt sonst merkwürdig und hinterlässt keinen guten Eindruck.

Einwandbehandlung

Einwände aus dem Publikum verlangen nach einer Reaktion. Übergehen Sie diese einfach, löst das Spannung im Raum aus. Geschickt ist es hingegen, den Zuruf gestisch und/oder mimisch zu behandeln, etwa durch ein bestätigendes Handheben, ein kurzes diffuses Aufschauen, direkten Blickkontakt oder durch ein beschwichtigendes Kopfnicken. Damit lassen Sie die Person wissen, dass Sie den Zuruf wahrgenommen haben (und später darauf zurückkommen), ohne in Ihrem fließenden Vortrag unterbrochen zu sein.

Lesen Sie allerdings direkt vom Skript ab, vermeiden Sie im Falle einer Unterbrechung jeglichen Blickkontakt und geben wie nebenbei ein Handsignal. Diese Geste wirkt dann nicht nur auf den einen Zuschauer beruhigend, sondern alle anderen werden sich positiv angesprochen fühlen. Als Redner haben Sie nicht nur die Aufgabe des Vortragens, sondern beeinflussen auch die Grundstimmung des Auditoriums.

Videoanalyse mit Checkbogen

Nachdem im Seminar die körpersprachlichen Ausdrucksformen theoretisch und in Einzelübungen bekannt gemacht und ausprobiert wurden, erfolgt der »Praxiseinsatz«.

Um die Art und Weise des individuellen Auftretens jedem Teilnehmer deutlich zu machen, mit dem Blick »von außen«, und eventuell Verhaltsänderungen zu initiieren, empfiehlt es sich, den Auftritt mit einer Videokamera zu dokumentieren. Bevor allerdings die ersten Aufnahmen erfolgen, sollte ein solcher Vortragsdurchgang ohne Kamera durchgeführt werden. Das gibt den Teilnehmern Gelegenheit, bei der »echten« Aufnahme bereits ein gewisses Maß an Sicherheit der Kamera gegenüber gewonnen zu haben und Fehler durch Aufgeregtheit zu vermeiden. Ziel der Dokumentation ist es, noch verbleibende Defizite aufzudecken und zu korrigieren.

Vorgehensweise

Jeder Teilnehmer hält einen Wortbeitrag zwischen drei bis fünf Minuten Länge. Erfahrungsgemäß werden in diesem Zeitrahmen die Gestik- und Bewegungsmuster bereits sehr deutlich. Die Erfahrung zeigt, dass auch längere Auftritte kein Mehr an Performance bringen und oft sogar den Nachteil haben, dass sich die Vortragenden am Wort »festbeißen« und den Körperausdruck vernachlässigen.

Das Ende des Wortbeitrags signalisiert der Trainer absprachegemäß per Handzeichen, woraufhin der Teilnehmer möglichst übergangslos in die Verabschiedungsphase übergeht.

Tipp: Einigen Teilnehmern bereitet es durchaus Schwierigkeiten, auf Kommando aufzuhören, weil sie dem Wort immer noch mehr Bedeutung an der Gesamtwirkung Ihres Auftritts geben als der körperlichen Performance. Hier sollte der Trainer intensive Vorarbeit leisten durch eindrucksvolle Detailübungen, die das Publikum jeweils bewertet und verstärkt.

Die Thematik sollte aus dem beruflichen (oder privaten) Umfeld stammen, weil sich dort jeder »Zuhause« fühlt und den Vortrag nach einer relativ kurzen Vorbereitungszeit halten kann. Da das Hauptaugenmerk ja auf dem Einsatz aller körpersprachlichen Ausdrucksmittel wie Haltung, Bewegungsmuster, Gestik, Mimik und der Sprechtechnik liegt, empfiehlt es sich, den Inhalt im Stand und in freier Rede zu vermitteln.

Der erste Durchgang

Im ersten Durchgang werden die Aufnahmen vom Trainer unkommentiert abgespielt. Jeder Teilnehmer macht sich mit seinem eigenen Auftreten vertraut und gewinnt so einen ersten Eindruck. Der Trainer macht sich natürlich bereits bei diesem Durchgang Gedanken und entwickelt erste Ideen für die spätere Lösungsstrategie. Nach einer kurzen Pause, in der die Teilnehmer ihr »Erlebnis« verdauen und Befürchtungen oder auch Positives in die Runde geben, strukturiert der Trainer die Gruppenarbeit. Er händigt den Video-Checkbogen (s. S. 168) aus und erläutert die einzelnen Beurteilungskriterien. Die eigentliche Bearbeitung und Eigenanalyse entsprechend diesen Kriterien erfolgen in den nächsten Durchgängen.

Der zweite Durchgang

Beim zweiten Anschauen tragen die Teilnehmer erste Beobachtungen ihrer Sequenz stichwortartig in den Checkbogen ein. Auch der Trainer vervollständigt seine Analyse, Kommentare werden nicht abgegeben.

Der dritte Durchgang

Dieser Durchgang schließt unmittelbar an den vorhergehenden an. Bei dieser Vorführung ist der *Ton ausgeblendet,* damit die gesamte Aufmerksamkeit auf den körpersprachlichen Ausdruck gelenkt wird. Die Teilnehmer haben nun die Aufgabe, den Video-Checkbogen mit den beobachteten Details zu vervollständigen. Der Trainer detailliert seine Notizen und fixiert mögliche Lösungswege. Nachdem das Gerät ausgeschaltet ist, fordert der Trainer die Teilnehmer auf, ihre Eigenanalyse laut vorzutragen, und vergleicht markante Punkte mit seinen eigenen Aufzeichnungen, ohne jedoch schon Kommentare abzugeben.

Der vierte Durchgang

Bei dem erneuten Abspielen ist der *Ton wieder eingeschaltet,* weil der Auftritt nun als Ganzes analysiert wird. Dieser Durchgang nimmt die meiste Zeit in Anspruch, da alle vorgegebenen Kriterien des Video-Checkbogens vom Trainer in seiner Analyse behandelt werden, und zwar für jeden Teilnehmer einzeln. Indem die Gruppe die Ausführungen mit verfolgen kann, ist ein Wiederholungseffekt gegeben, der den Lernerfolg des Einzelnen fördert und seine Beobachtungsgabe für die Thematik schult.

Die Abschlussphase mit Lösungsweg

Den Abschluss bildet das Aufzeigen des Lösungsweges durch den Trainer. Das jeweilige Ergebnis trägt jeder einzelne Teilnehmer sofort in seinen Checkbogen ein, um diese Strategie schriftlich – als Erinnerungsstütze und zur Motivation – einsetzen zu können.

Die Möglichkeiten zur Lösung sind vielfältig, wie beispielsweise die Ankergeste einsetzen bei zu schnellem Sprechtempo oder zum Absenken der Stimmlage, koordinierte Bewegungsmuster an die Hand zu geben, ruhige und sichere Standpositionen einzunehmen bei Personen, die zappelig wirken, die Gestik zu variieren beziehungsweise zu akzentuieren und mimische Eigenheiten durch Kurz-Entspannungstechniken zu glätten. Die Grundlagen für eine gelungene Sprechtechnik sollten Inhalt des Seminars gewesen sein, damit Vergleiche angestellt und noch vorhandene Defizite aufgezeigt und geübt werden können.

Eintönige und ungeschickt wirkende Körperhaltungen und -bewegungen aufzulösen bedürfen der gezielten körperlichen Gegenstrategie.

Gegenstrategie: Personen, die im festen Stand referieren und dabei immer wieder energielos in sich zusammensacken, sollten als Gegenmaßnahme im schnellen Schritt über die Bühne gehen und »atemlos« ihren Text aufsagen. Danach legt der Trainer mit dem Teilnehmer eine Ankergeste fest, beispielsweise in der Position der Basishand mit Drücken eines Punktes am Handgelenk, sodass beim realen Vortrag nur das Drücken dieses Punktes ausreicht, sich wieder mit Energie und Bewegung zu versorgen und trotzdem im ruhigen Stand zu referieren. Die Beweglichkeit drückt sich dann in der Stimme aus.

Einen zappeligen Eindruck vermittelt derjenige, der durch das Festhalten des Oberkörpers (mit zusammengepressten Händen vor der Brust) zwar einen ruhigen Eindruck geben möchte, die vorhandene Energie aber in willkürliche und unkoordinierte Schrittfolgen umsetzt. Dieses »Herumtanzen« ist dann auch beim Sprechen zu hören. Es wirkt gepresst, atemlos, und das Verständnis fördernde Betonen einzelner Worte kommt nicht zustande. Als Gegenmaßnahme empfiehlt es sich, auf einer Stelle stehen zu bleiben und die Füße fest auf den Boden zu stemmen. Um die Bewegungsenergie auszuleben und zu kanalisieren, lässt dieser Redner beim Sprechen die Arme locker vor dem Körper schwingen. Den Ankerimpuls (innerlich in Bewegung zu sein und nach außen hin fest zu stehen) bei einem realen Vortrag löst dann nur noch der Druck der Füße aus.

Dem Auflösen von weiteren Blockaden ist im Anschluss ein eigenes Kapitel gewidmet, um differenziert auf die Möglichkeiten einzugehen.

Video-Checkbogen

Kriterien	Eigeneinschätzung nach Videoaufzeichnung	to do
Wird konstanter Blickkontakt gehalten?		
Blickkontakt nach 5-Punkte-Technik		
Findet Gestik statt? Grundmuster/Variation?		
Wie ist die Körperhaltung?		
Findet ein Bewegungsmuster statt?		
Am Medium: Überwiegend Blickkontakt mit dem Publikum?		
Werden Pausen bewusst eingesetzt?		
Wird bildhaft und begeisternd gesprochen?		
Wie ist der Gesamteindruck des Auftretens?		

Trainer-Lösungsstrategie:

Blockaden auflösen

Sind die Körperbewegungen mit den Worten nicht im Einklang, wirkt sich das als Hemmung sowohl auf den Sprecher als auch auf die Zuschauer aus. Eine Hemmung oder Blockade kann bedingt sein durch momentane Aufregung oder durch ein unbewusstes Verhaltensmuster, ist aber in jedem Fall durch gezielte körperliche Gegenstrategien zu verändern und aufzulösen. Einige der am häufigsten zu beobachtenden Blockaden sind folgende:

● Statisch auf einem Fleck stehen bleiben: Dies hat meistens langweiliges Sprechen zur Folge.
● Die Fußspitzen anzuheben: Dadurch schaukelt der Oberkörper, und bei den Zuschauenden entsteht der Eindruck, der Redner hat keinen festen Standpunkt.
● Wiederkehrend in der Hüfte nach hinten wegknicken: Das schaut aus, als müsste sich der Sprecher auf einem imaginären Stuhl ausruhen; das geht in der Regel einher mit einem abgehackten Sprechrhythmus.
● Monotone Schrittfolge, meist nur nach vorn und hinten: Diese Schritte werden meist begleitet von einer verklemmten Gestik in Bauchhöhe oder mit einem Umklammern der Hände beziehungsweise des Jackensaumes.
● Schnelles Sprechen: Einseitiger Energieaufwand ist die Folge.

Körperblockaden werden mittels Körperarbeit aufgelöst. Dabei wird die Grundstruktur der Blockade mit einbezogen und mit der gegenläufigen Bewegung kombiniert.

Um eine Gegenstrategie zu verfestigen, nehmen wir die Technik des »Ankers« zu Hilfe. Ankern heißt nichts anderes, als sich zu konditionieren. Während also der Redner die neue Verhaltensweise einübt, drückt er eine zuvor festgelegte Stelle am Handgelenk oder am Arm und stellt damit für das Gehirn den Zusammenhang zwischen Verhalten und Geste her (nach der Pawlow'schen Theorie).

Während des Vortragens genügt es dann, mit der Geste allein das eingeübte Verhalten abzurufen. Diese Ankerung sollte zu den Wortbeiträgen passen, damit sie unbemerkt vom Publikum vollzogen werden kann. Darauf verzichten können Sie dann, wenn sich das neue Körperverhalten in Ihnen verfestigt hat und zur Routine geworden ist. Um sich dessen zu vergewissern, machen Sie von sich Videoaufnahmen oder tragen einer Person vor, die Ihnen ein Feedback geben kann.

Gegenstrategien

Der Redner, der statisch steht

Diese Person muss in Bewegung kommen. Um sich auf das neue Verhaltensmuster, nämlich die körperliche Bewegung, konzentrieren zu können, spricht der Redner einen Text, den er im »Schlaf« beherrscht, also ohne lange überlegen zu müssen. Dieser Text muss Sinn machen, damit der Sprechrhythmus erhalten bleibt. Derart entlastet, bekommt der Sprecher nun die Aufgabe, während des Redens die Form eines großen Kreises einige Male zügig abzuschreiten und dabei seine Ankergeste zu halten. Wichtig ist, sich ausschließlich auf das Gehen zu konzentrieren. Die Zuschauer werden nun feststellen, dass sich während des Bewegungsablaufs ein fließendes Sprechen einstellt, und um diese Wirkung für den Redner zu dokumentieren, sollte diese Sequenz mit der Videokamera aufgezeichnet werden.

Das Gehen im Kreis wird anschließend in ein strukturiertes Bewegungsmuster umgesetzt, und zwar in das Seitwärts-Gehen mit Ruhestandpunkten in der Mitte (s. S. 121f.). Mit dieser Strategie kombiniert der Trainer das alte Bewegungsmuster »Stehen« mit dem neuen »Gehen« und überträgt die Elemente des Kreises auf die Gehrichtung, nämlich seitlich. Zur Verfestigung soll der Redner für sich aber weiterhin das zügige Im-Kreis-Gehen einüben, immer in Kombination mit seiner Ankergeste, die »Bewegung« sowie Richtung abspeichert. Bei seinem nächsten Vortrag ruft er nur durch die Ankergeste sein Gehmuster ab.

Der Redner, der die Fußspitzen anhebt

Das Anheben aus dem Stand signalisiert Bewegung, die jedoch nicht ausagiert wird, und der Körper befindet sich immer wieder im Ungleichgewicht. *Dieser Redner braucht einen festen Stand und ein strukturiertes Gehmuster.* Zunächst nimmt er den festen Stand in der Grundhaltung ein, um ein Bodenhaftungsgefühl zu entwickeln. Um dieses noch zu verstärken, soll er im Stand den Körper aus den Knien heraus auf und nieder bewegen – und zwar in entspannter Haltung (mit hängenden Armen) und mit schnellen Bewegungen. Da sich sein Sprechrhythmus dem monotonen Wippen der Füße angeglichen hat, gilt es, seine Energie in ein gezieltes Gehmuster zu kanalisieren.Dabei harmonisiert sich gleichzeitig seine Sprechweise.

Der Redner wählt einen Text aus der Erinnerung und legt als Nächstes seine Ankergeste fest; dafür eignet sich die Basisgeste mit einem bestimmten Druckpunkt. Ohne Unterlass macht er nun gesetzte Schritte nach rechts und links. Wichtig ist, dass er nicht stehen bleibt und dem Publikum stets die Körperfront zuwendet; Blickkontakt soll er nicht halten, da er sonst abgelenkt ist. Die Linie (von rechts nach links) ist sein neues Gehmuster, das seinem Drang nach angedeuteter Vorwärtsbewegung entgegenwirkt. Sein altes Muster, nämlich das wippende Stehen, wird insofern integriert, als der Redner zur Einführung und punktuell im weiteren Verlauf seines Wortbeitrages die Grundhaltung im festen Stand wieder einnimmt.

Zur Verinnerlichung ist auch hier eine Videoaufnahme hilfreich. Im Stehen sollten beide Füße fest auf den Boden gestemmt werden, und beim Sprechen ist eine gesetzte Schrittfolge zu machen – unter Anwendung der Ankergeste. – So lautet die Übungsaufgabe für diesen Vortragstypus.

Der Redner, der sich auf einen imaginären Stuhl setzt

Das Abknicken und mühsam wirkende Wiederaufrichten des Oberkörpers zeugt von momentaner Kraftlosigkeit. Denkanstöße aber auch Denkpausen macht dieser Rhythmus sichtbar. Diese Weise des Vortragens beeinflusst ebenfalls das Sprechen, denn mit dem Aufrichten des Körpers fließt Energie, die zu einer angemessenen Lautstärke beiträgt, während sie beim Abknicken stark abfällt. Der Sprechrhythmus passt sich an und wirkt abgehackt und monoton. Diese Blockade hemmt nicht nur den Redner, sondern auch die Zuschauer, denen es Schwierigkeiten bereitet, die willkürlich »portionierten« Aussagen in einen Sinnzusammenhang zu bringen.

Dieser Redner muss in harmonische Schwingungen gebracht werden. Mithilfe der zuvor festgelegten Ankergeste, in diesem Fall eignet sich die Variante der Basisgeste mit zusammengeführten Fingerkuppen, trägt er einen Text vor. Dabei durchmisst er im zügigen Tempo den Raum mit großen Schritten, der Körper ist gestrafft. Das Publikum existiert in dieser Phase nicht für ihn, denn er soll sich ganz auf die frei werdende Energie einlassen können, vor allem aber im ständigen Redefluss bleiben. Die Zuschauer – und die mitlaufende Videokamera – werden die starke Veränderung des Sprechens, bedingt durch körperliche Bewegung, als äußerst positiv wahrnehmen.

Um der alten Verhaltensweise entgegenzuwirken, die die Vertikale nach vorn und hinten bevorzugt, soll dieser Redner das Seitwärts-Gehen favorisieren. Gerade in der Anfangsphase eines Vortrags bietet sich die Geste »Variante Basishand« an, die auch seine Ankergeste zur Erinnerung an Bewegung und bewegtes Sprechen sein sollte. Das Gehmuster bietet Gelegenheit zur abwechslungsreichen Gestik, und die Standpausen in der Grundhaltung animieren ihn dann wieder, in Bewegung zu kommen. – Gehen, aufrecht stehen und fließend sprechen sind der Übungsumfang für diesen Redner, immer in Verbindung mit der Ankergeste.

Der Redner, der monoton vor- und zurückgeht

Vor- und zurückgehen oder auch seitwärts Ausfallschritte machen weist auf einen Bewegungsdrang hin. Da hierbei nicht variiert wird, entsteht ein gleichmäßiger Wiegeschritt, dem der Sprechrhythmus folgt und der im wahrsten Sinne des Wortes einschläfernd wirkt.

Dieser Redner braucht gerichtete, aber fließende Bewegung unter Einbeziehung von Ruhepunkten im festen Stand. Der Trainer wird dazu auf dem Fußboden eine große Schleife in Form der liegenden Acht aufbringen (s. S. 122ff.). Diese kann mit Kreide gezeichnet sein, bei Teppichboden wird ein farbiges, leicht zu entfernendes Klebeband fixiert.

Die durchgängige Linie dieser geometrischen Form ermöglicht ein ausgerichtetes Endlosgehen, das dem Wiegeschritt-Verhalten entgegenwirkt. Mit seiner Ankergeste spricht der Teilnehmer einen sinnvollen Text aus dem Gedächtnis und konzentriert sich ganz auf das Abgehen der Figur. Diese Ankergeste, die ja einen fühlbaren Druckpunkt hat, macht er mit einer Hand: Die ersten drei Finger hält der kraftvoll an den Kuppen zusammen, die anderen Finger sind abgespreizt (ansatzweise s. S. 72). Diese Geste, die etwas Schwungvolles einleitet, unterstützt sein Gehmuster und ist im Laufe eines Vortrags gut einzubauen.

Wichtig ist, dass der Redner beim endlosen Abschreiten den Zuschauern die Körpervorderseite zuwendet, auch wenn er an einigen Punkten dafür die Füße übereinandersetzen muss. Blickkontakt aufzunehmen ist auch hier nicht angebracht. Es empfiehlt sich, diese Sequenz mit der Videokamera aufzunehmen, um den ins Fließen kommenden Sprechrhythmus zu dokumentieren. In einem zweiten Durchgang legt der Teilnehmer Standpausen im Schnittpunkt der Figur sowie an den Seitenbögen ein. Diese Pausen nutzt er für ruhige Erläuterungen oder zum jeweiligen thematischen Abschluss und setzt untermalend Gestik ein. Mit jedem neuen Anfang macht er seine Ankergeste, die ihn in sein Gehmuster führt.

In diesem Beispiel wird die alte Verhaltensweise durch gerundete Bewegungen im Wechsel mit festem Stehen aufgelöst. Dieser Redner sollte zu Übungszwecken so oft wie möglich ineinander fließende Kreise gehen, um »runde« Schrittfolgen zu erlernen.

Redner, der extrem schnell vorträgt

Die gesamte Bewegungsenergie hat sich auf das Sprechtempo verlagert. Um dieses deutlich zu drosseln, wendet der Trainer Körperarbeit *auf einer Matte* an. Je nach beruflichem Hintergrund des Teilnehmers wird ein ihm unbekannter, laut abzulesender Text ausgesucht (Länge von maximal einer halben DIN-A4-Seite). Der Redner nimmt dabei verschiedene Positionen ein, um herauszufinden, wann das Sprechtempo durch die Körperhaltung gebremst wird. Ob diese Sequenzen mit der Videokamera aufgenommen werden, sollte der Trainer mit dem Teilnehmer absprechen (manchem Teilnehmer ist das peinlich).

Der Redner beginnt in der Sitzposition, wechselt dann auf die Rückenlage, um in der dritten Variante auf dem Bauch liegend vorzulesen. Der Teilnehmer berichtet von seinen Wahrnehmungen, beispielsweise Atemnot, Engegefühl oder das Empfinden freien Fließens. Der Trainer beurteilt nun, eventuell unter Einbeziehung des Publikums, in welcher Stellung das Sprechen die optimale Geschwindigkeit hatte. Dies wird die Übungsposition, zusammen mit einer Ankergeste. Die Variante Basishand (zusammengeführte Fingerkuppen) bietet sich als Geste an, da die flexibel gehaltenen Finger leichten Druck ausüben können. Außerdem ist sie die Einstiegsgeste für einen Vortrag, und der Sprecher soll gleich zu Beginn in sein langsames Sprechtempo kommen. Der Teilnehmer liest in seiner Übungsposition, zusammen mit der Ankergeste, den Text erneut vor (die Textvorlage sollte vom Trainer gehalten werden). So wird das optimale Tempo im Bewusstsein in Verbindung mit der Ankergeste abgespeichert. Vor einem Publikum genügt dann nur noch die Ankergeste, um im Stand oder im Gehmuster angemessen langsam zu sprechen.

Da ein »Schnellsprecher« meist fahrige und wenig ausgestaltete Gesten macht (weil nur angedeutet), ermittelt der Trainer in diesem letzten Lesedurchgang seine gestische Grundsprache.

Daraus ergeben sich für das geschulte Auge einige wenige, aber wirkungsvoll zu gestaltende Gesten, die vor dem beruflichen Hintergrund des Redners ausgesucht werden. Um den Bewegungsdrang weiter zu kanalisieren, übt der Redner ein für ihn passendes Gehmuster: Aus dem festen Stand in der Grundhaltung wechselt er in die Kombination des Seitwärtsgehens und des Vorwärts-Rückwärts-Gehens. Damit sind »beruhigende« körpersprachliche Faktoren geschaffen, die allesamt positiv auf sein Sprechtempo einwirken.

Bei der Auflösung von Blockaden, das heißt, dem Umlernen von Verhaltensmustern, gilt grundsätzlich: Je öfter geübt wird, desto eher stellt sich Routine ein, die sich entspannend und Aufregung minimierend bei Vorträgen auswirkt.

Tipp: Als anschauliche Erinnerungsstütze ist es hilfreich, wenn der Trainer ein Foto von dem »Neuen« macht und dem Teilnehmer aushändigt. Der Redner stellt (oder legt) sich in seine Ausgangsposition, hält dazu die Ankergeste und deutet das Gehmuster an.

Entspannungs- und Energetisierungstechniken

Bei den nachfolgenden Methoden ist die Anwendung differenziert entsprechend den verschiedenen körpersprachlichen Ausdrucksformen. Der Trainer als professioneller Beobachter kann mit diesen Körperübungen gezielt auf die momentanen Defizite der Teilnehmer eingehen – denn nicht jeder ist sich seiner Verspannung oder seiner Energielosigkeit bewusst. Selbstverständlich eignen sich einige Übungen auch, um den Verlauf eines Trainings aufzulockern und effizienter zu gestalten. Die bewusste Konzentration auf den eigenen Körper findet im Alltag nur selten statt und wird von den Teilnehmern meist als wohltuend empfunden.

Zur Einstimmung auf die gemeinsame »Arbeit« eignet sich zu Beginn die auflockernde *Gruppenkurzübung auf der mentalen Ebene*. Das schafft bereits Vertrautheit.

Für einen energetisch ausgeglichenen Einstieg in einen Vortrag hingegen kann beispielsweise die *Ganzkörperenergetisierung* als motivierende Gruppenübung dienen. Da in einer Gruppenveranstaltung meist Menschen zusammenkommen, die sich nicht kennen und wo jeder seine eigene momentane Verfassung »mitbringt«, sollten Trainer und Teilnehmer sich zunächst vorsichtig einander annähern. Eine solche Gruppenübung verhilft dazu, sich selbst wahrzunehmen, und gleichzeitig mit den anderen Mitgliedern in respektvoller Weise »Tuchfühlung« aufzunehmen.

Jeder Anwender kann bei guter Selbstbeobachtung die für ihn relevante Übungen herausfinden. Führt er sie unmittelbar vor einem Wortbeitrag aus, entspannt beziehungsweise energetisiert er sich und lenkt damit die Aufmerksamkeit auf seine wichtigsten körpersprachlichen Ausdrucksmittel. Die Kurzübungen haben sich in der Praxis bewährt, erfordern wenig Zeitaufwand und sind »immer und überall« durchführbar.

Entspannung

Ganzkörperentspannung durch Progressive Muskelentspannung

Diese Entspannungsmethode wirkt in erster Linie auf die motorische Ebene, wobei die einzelnen Muskelpartien erst kräftig angespannt und dann schlagartig losgelassen und entspannt werden.

Diese Kurzübung, die etwa fünf Minuten dauert, können Sie in aufrechter Haltung auf einem Stuhl machen, der möglichst eine feste Sitzfläche hat. Wenn Sie Ihren unteren Körperbereich anspannen, sollten Sie die Sitzhöcker deutlich spüren, um den Unterschied zwischen Spannung und Entspannung wahrzunehmen. Im Stehen nehmen Sie die aufrechte Grundhaltung ein.

Sie konzentrieren sich mit dieser Methode auf die einzelnen Körperteile, die Sie bei der Durchführung jeweils als Bild vor Ihrem »inneren Auge« haben. Dabei arbeiten Sie Ihren Körper von oben nach unten durch.

Beginnen Sie mit der Kopfhaut als äußerstem Punkt und spannen Sie bewusst kräftig an, zählen innerlich bis fünf und lassen dann schlagartig los. Auf diese Weise gehen Sie den ganzen Körper durch: Gesicht verziehen, Hals recken, Nacken lang machen, Schultern nach hinten ziehen, Arme strecken (einzeln), Hände (einzeln zur Faust ballen), Brustkorb rausdrücken, Bauch aufblähen, Po anspannen, Beine strecken und Fußspitzen hochziehen (einzeln).

Teilkörperentspannung durch Progressive Muskelentspannung

Um sich in aller Kürze in eine aufrechte Haltung zu bringen und einen entspannten Gesichtsausdruck zu erzeugen, bewährt sich die nur wenige Sekunden dauernde Übung:

Sie stehen in der Grundhaltung. Das bedeutet, die Füße stehen hüftbreit auseinander und sind nach vorn ausgerichtet, die Knie sind durchgedrückt, und die Arme hängen seitlich des Körpers. Sie ziehen die Schultern möglichst bis an den Kopf hoch, atmen dabei ein, halten die Position für ein bis zwei Sekunden und lassen die Schultern schlagartig fallen. Dabei atmen Sie unwillkürlich tief aus.

Diese Übung können Sie zweimal hintereinander machen.

Beweglichkeit verbessern

Gestik

Damit die verschiedenen Fingerstellungen beweglich wirken, zum Beispiel beim Strecken, Beugen oder Abwinkeln, empfiehlt sich folgende Übung.

> Die Arme werden im 90-Grad-Winkel gehalten, die Hände sind nach vorn ausgerichtet, die Finger gestreckt und abgespreizt. Mit Konzentration und Kraft machen ausschließlich die Finger schnelle Greifübungen. Zum Abschluss werden die Hände locker ausgeschüttelt.

Mundpartie und Sprechen

Unbewusst wird diese Muskulatur oftmals »festgehalten«. Mit einer beweglichen Mundpartie und gelockerten Lippen lassen sich beim Sprechen die Worte modulieren und können deutlicher ausgesprochen werden. Folgende Kurzübungen bieten sich an (Weitere Übungen rund ums Sprechen und Stimme finden Sie in dem Buch mit Übungs-CD von Sabine F. Gutzeit »Die Stimme wirkungsvoll einsetzen« (2003).):

> Zur Lockerung von außen wird die »Mundschere« angewendet. Die rechte Hand ist gestreckt und liegt unter der Nase über der Oberlippe. Die linke gestreckte Hand legt sich zwischen Kinn und Unterlippe. Mit gegenläufigen Bewegungen »massieren« die Hände gleichzeitig diese Partien, ungefähr eine Minute lang.
> Bei der Lockerung von innen öffnen Sie den Mund weit und ziehen die Lippen kräftig über die Zähne nach oben beziehungsweise nach unten – dabei zieht sich automatisch die Mundpartie auch in die Breite.

> **Modulationsübung für deutliche Aussprache und Mundbewegungen**
>
> Bei dieser Sprechübung kommt es darauf an, die Lippen bei einzelnen Buchstaben merklich zu spüren (auch einmal fester aufeinanderzulegen). Jedes einzelne Wort wird betont. Um auch die Endbuchstaben deutlich hörbar auszusprechen, müssen Sie den Mund bewusst verziehen: In der Horizontalen geht er beim »e« in die Breite (smile), beim »ä« klappt er nach unten. Die Zeilenaufteilung gibt den Rhythmus und damit auch den Sprechrhythmus vor, den Sie durchaus zur einprägsamen Melodie werden lassen können.
> Wenn mancher Mann wüsste, / wer mancher Mann wär, / gäb mancher Mann manchem / manchmal mehr Ehr.

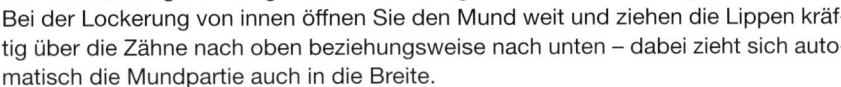

Energetisierung

Ganzkörperenergetisierung

Wenn Sie spüren, dass Sie energielos geworden sind, bringen Sie sich mit einer Kurzübung wieder in Schwung.

Sie stehen im festen Stand (die Füße hüftbreit auseinander, Fußspitzen nach vorne ausgerichtet), die Knie sind entspannt gebeugt, die Arme baumeln locker am Körper. Kopf und Oberkörper sind ein wenig nach vorn geneigt, der Mund ohne Anspannung geöffnet. Mit kurzen schnellen Stößen bewegt sich der Körper auf und ab, die Knie federn die Bewegungen spürbar ab. Um auch das Zwerchfell zu massieren, geben Sie dem ausgestoßenen Atem einen Brummton (der im Prinzip von allein entsteht und nur herausgelassen werden will).
Die Wirkung lässt sich *noch steigern*, wenn Sie, statt zu stehen, auf der Stelle hüpfen (nur auf den Fußspitzen) und die Arme mitschlenkern lassen.

Gruppenkurzübung auf der mentalen Ebene

Diese Übung soll die Energie harmonisieren und das Denken fördern.

Die Teilnehmer gehen kreuz und quer durch den Raum in einem ruhigen Tempo. Die Arme folgen dem Gehrhythmus in ausholenden Bewegungen (dabei ist darauf zu achten, dass sie sich lediglich aus dem Schwung heraus bewegen und nicht bewusst nachgeholfen wird). Der Kopf ist leicht gesenkt, es wird kein Blickkontakt gehalten, damit sich jeder nur auf sich konzentriert. Zur mentalen Stärkung sind die Geh- und Armbewegungen gegenläufig (Kinesiologie).

Ohrenkneten

Diese Übung fördert die Durchblutung im Kopf und kurbelt die Leistung des Gehirns wieder an. Sie wird an beiden Ohren gleichzeitig durchgeführt.

Den äußeren Rand des Ohres nehmen Sie zwischen Zeigefinger und Daumen. Mit kräftigem Druck machen Sie nun die einzelnen Knetgriffe »punktuell« entlang des Randes, und zwar von unten nach oben und wieder zurück, ohne abzusetzen. Wiederholen Sie einmal den gesamten Vorgang.

Schlusswort

Hilfe zur Selbsthilfe ist der Tenor dieses Buch. Es erhebt jedoch nicht den Anspruch, auf absolut alle Details dieses höchst komplexen Themas eingegangen zu sein. Die wichtigsten Grundlagen und Elemente des körpersprachlichen Ausdrucks sind aber von mir aufgenommen, um Sie darin zu unterstützen, mehr Sicherheit und Freude in den verschiedenen Kommunikationssituationen des Berufsalltags zu erlangen.

Unterstützen deswegen, weil ich Ihnen ein Angebot unterbreite, aus dem Sie das für Sie Relevante auswählen können. Wichtig ist hierbei, dass Sie sich, liebe Leserinnen und Leser, realistisch einschätzen. Das kann durchaus bedeuten, dass diese »Einsicht« zunächst nicht immer motivierend ist. Aber bedenken Sie: Der Weg ist das Ziel. Dieser Weg hält die Chance bereit, Ihren eigenen Stil zu entdecken oder ihn auch zu kreieren.

Wie sich die Sprache weiterentwickelt, so erweitert sich auch die Körpersprache. Denn obwohl ich mein Augenmerk seit Jahren intensivst auf dieses Thema lenke, registiere ich immer wieder neue Varianten des Ausdrucks.

Bekanntes modifizieren und Neues aufnehmen sei hier das Leitthema, damit das Leben lebendig bleibt.

Irena Bischoff

Stichwortverzeichnis